放射能を食えというなら
そんな社会はいらない、
ゼロベクレル派宣言

SHIRO YABU
矢部史郎
聞き手・序文：池上善彦

新評論

「ゼロベクレル」という原点と、それをめぐる葛藤——序にかえて

池上善彦

2011年4月10日に行われた東京・高円寺の「原発やめろデモ!!!」が最初の合図であった。3月11日以来の混乱し、不安と絶望にかられた日々の中ですくみそうな気持ちが一気に解放されたのだ。それは同時に冷戦崩壊後、徐々に流動化しつつあった社会、政治的領域が一瞬にしてその流動性を飛躍的に高めた瞬間でもあった。政治とは民主主義を指している。今までになかった、あるいは久しく忘れていた直接行動への欲求が堰を切ったように発現した瞬間でもある。参加した者はもちろんのこと、参加しなかった人々にまで勇気を与えたデモは画期的だったのだ。しかしインパクトは必ずしもデモからだけではなかった。

4月21日、各新聞は社会面で関東地方の母親の母乳からヨウ素を検出したことを報じた。これは衝撃的であった。人体から、しかも母乳から放射性物質が検出されたのである。そしてこれがこの後大規模に開始される放射能計測運動の最初でもあった。今までほとんど気を引くこともなかった科学的機材を用いてなされる地味な作業が、クローズアップされてきたのである。さらにヨウ素を検出したのは公的機関ではなく、市民グループであった。人々は母乳を定期的に検査し、その目的を将来の訴訟に備えることだと明言した。科学が政治化する瞬間であった。

4月25日、チェルノブイリ原発事故の25周年の前日、東京・内幸町の東京電力本社前で奇妙なデ

モが行われた。福島の農民たちを中心にした農民連（農民運動全国連合会）のデモであった。彼らはなんと、彼らが飼っている牛を引き連れてデモを行ったのである。彼らの主張のすごいところは、風評被害という言葉を一切使わなかったことにある。これは実害である、したがってすべての責任は東電と国家にある、と終始主張した。生産者と消費者の間に引かれかけた分断線を、生産者の側から断固拒否したのである。牛の鳴き声は東京の中心でよく響いていた。

放射線量の計測が緊迫した展開を見せたのは、このころの福島県内部であった。事故直後から福島県内のいくつかの学校では校庭の放射線量の計測値が各学校のホームページに掲載されるようになっていた。ある小学校ではその掲載が突如中止され、上からの命令により掲載できなくなったが、引き続きＰＴＡの方にはプリントの形で配布を継続する旨が書き込まれていた。計測自体が権力闘争になっていたのである。測ること自体が政治性を帯びていたのだ。そしてこの時期の最大の焦点は被曝量の上限値をめぐるものであった。文部科学省が出した「年間20ミリシーベルトまでは安全」という数値をめぐって広範な抗議の声が挙がることになる。この抗議のハイライトは5月15日に行われた文科省包囲の集会であった。数千人の人が集まり本当に文科省をぐるりと囲み、ポーチで交渉は行われた。その後この数値をめぐる問題は現在まで続くのであるが、文科省はこの包囲をきっかけに態度を徐々に変えていくことになる。

この文科省包囲を呼びかけた福島のグループのホームページを見ると、福島県内の個々人が抱える問題が無数に書き込まれている。その多くは放射能への不安と避難の困難さに関するものである。家庭内での理解と不理解、親との衝突、地域や職場との葛藤などがさまざまなバリエーションで告白されているのである。避難と共に、このような気持ちが測定値に凝縮されて表現されていたのである。

5月7日に2回目の大きなデモが渋谷で開かれる直前、当時の首相である菅直人は静岡の浜岡原発（中部電力）の停止を安全性を理由に政治的に命じた。デモ当日、主催者の松本哉は、これは我々が止めたのだと宣言した。社会の流動性が力学に転じた瞬間であった。文科省包囲は文科省を揺さぶり、ついにそれに首相が呼応したのである。民衆が自分たちの政治的力を自覚した瞬間でもある。それは政治は直接行動によって動かすことが可能であるという確信である。しかしその後菅直人は民衆の政治力学とは別の力学によって辞任に追い込まれることになる。

計測すること自体の緊急性と必要性を自覚した人はおびただしい数になっていた。高価なガイガーカウンターが飛ぶように売れ、計測の仕方を学ぶ学習会には常に主催者の予想を上回る人数の人が詰めかけていた。ガイガーカウンターの正しい使い方、α線、β線、γ線の違いから理解し、シーベルトとベクレルの違いを熱心に学んでいくのである。その過程で重要なのは、内部被曝と外部被曝の違いが明確になっていったことである。それを科学的に、医学的に理解していくのである。多くの人が科学者になっていった。原子力災害の特異性が自覚される期間でもあっただろう。これは普通の災害ではなく、見えないものを見なくては、なかったことにされてしまう災害であったのだ。そして多くの人が見たいと思った。一度見てしまったものは見なかったことにはできない。

6月11日、新宿で3回目のデモがあった。しかしこの日は同時に東京だけでも4カ所、日本全国では100カ所以上の場所で反原発デモが展開された日でもあった。東京はデモの中心ではなくなったのだ。そしてこの動きは一挙に地方へと、全国へと広まっていった。広まったという言い方は正確ではないだろう。誰か個人が広めて回ったわけではない。同時に共有されたのである。全国

54基ある原発は定期検査のため次々に停止し、再稼働されずにそのまま停止している状態が続いている。焦点は地方にある停止した原発が再稼働するかどうかに移っていった。九州電力の玄海原発は再稼働の最有力候補であったが、住民説明会の過程の不透明性がおそらくは内部告発によって暴かれ、地方行政と原子力資本との関係が明るみにでた。このような情報は今までも何度か取り沙汰されたものであるが、それが一挙に政治化される状況にすでになっていたのである。地方行政も動かせるのである。

最大の試練は実は2011年の夏の過ごし方であっただろう。すでに日常の食料の主体的選択は日々の実践となっていた。生活全体そのものが政治性を帯びた期間でもある。「電力不足」は暗に常に脅しと化していた。しかしそれは終わってみれば難なく乗り切ったと言っていいであろう。日常が政治である過程を耐えたのである。それはエネルギーをめぐる政治と経済に再考を促すに十分な経験であった。しかも最もシンプルな方法で。

9月11日、原子力行政を司る経産省前で包囲行動があり、そのまま経産省の敷地の一角にテントを建てて抗議行動を繰り広げるグループが出現した。このテントは現在でも建っていて、定期的にさまざまな集会、アピールの場となり続けている。この象徴的効果は大きいものがある。同時に、この以前から、デモはすっかり常態化していた。大げさに言えば二日に一回、さまざまな形態のデモが全国どこかしらで繰り広げられるようになっていた。

2011年末から2012年にかけて、この地域でのデモと抗議のあり方が劇的に変化していく。一つは、杉並区に見られるように、デモの実行過程における完全な民主主義的手続きの遂行である。実際、このデモは住民による完全な水平的関係によって成り立ったデモであった。そしてもう一つは、がれきの広域処理によって生じたがれき搬入反対運動である。2011年の秋ごろから始まったがれきの広域処理に関して、政府の真の意図は不明としか言いようがない。しかしそれへの反対運動は、予想を超えて激しいものがあった。川崎市をはじめ、この運動は今のところ、2012年5月22日の北九州市のがれき試験燃焼反対運動がピークである。このがれき反対運動にはいくつかの際だった特色がある。一つは原発に無縁であった地域で放射能に関する知識が急激に広まったことである。放射能と比較的無縁であった地域で、測定の緊急性がさほど高くない地域で、次々に測定所が開設されていった。計測運動は当初、空間線量を測ることが主目的であったが、このころは土壌のベクレル数、また具体的な食品のベクレル数を測る運動へと拡大していた。事実、規制値を超える放射性物質を含む食品を数多く測り、摘発していったのはほとんどが市民による計測グループの成果であった。またガイガーカウンターの貸し出しを開始する地方自治体も増え、その多くは向こう3カ月予約がいっぱいになっているという有様であった。

そして、こうした地域の運動の過程で、さまざまな歴史が発掘され、自覚されていったことも重要だ。たとえば杉並区であれば50年代の反核運動である。原水爆禁止運動は実に杉並区が発祥の地であったのだ。また全国各地の自由民権運動の歴史もクローズアップされた。どの時代にさかのぼるかはさまざまであるが、歴史意識が主体をとらえた瞬間であったのだ。主体は歴史を要請する。民衆運動が高揚した時期は日本ではまず自由民権運動の時代である。その次が戦後の10年間であろう。そして今回である。状況はそれぞれ全く異なるとはいえ、国家の後始末に民衆が乗り出しているのである。一回目は近代国家成立の後始末として、二回目は敗戦というその近代国家の失敗の後始末である。今回はなんのためだろうか。

しかし運動は主体意識だけで完結するものではない。この1年で私たちは自分のことだけではなく、多くのことを学んだ。そもそもウランはどこから来ているのか。世界の原発事情はどうなっているのか。世界の反原発運動にはどのようなものがあるのか。ＩＡＥＡとは何か。ＷＨＯは何をしている機関なのか。原発事故とＴＰＰ、そしてＩＭＦとはどのような関係にあるのか。アメリカはこの全過程においてどのような関与をしているのか。「アラブの春」からどのようなインパクトを受け取ったのか。アメリカ軍、ＮＡＴＯをはじめとして軍事は何をやっているのか。執拗に展開するアメリカのオキュパイ・ウォールストリート運動は何を見せてくれたのか。すべては恐ろしいほどに関連しあっている。ときほぐして理解していくのはあまりに困難な作業である。しかしその作業は、たとえばＩＡＥＡの被曝基準への疑問から始まって、徐々にではあるが、確実に学習は開始されている。独裁者の追放を唱えるアラブ民主革命とは違う。金融資本を問題にするアメリカのオキュパイ運動とも違う。しかし、回路が違うだけだ。我々は少しだけ特異な、しかし同じ道をたどっているのである。

そして２０１２年3月11日の怒りと追悼のデモから国会包囲をへて、5月6日、全原発が停止する。我々みんなで止めたのである。しかし、再稼働はいつまた蒸し返されるか全く不明であり、何よりも放出された90京ベクレルの放射性物質はそのまま残っている。放射能と共に生きるのではない。「拡散は現実である」という声に負けてはいけない。ゼロベクレルは原点である。現実と理想を混同してはいけない。それは無限の後退を生む。ゼロベクレルへの願いと実践は生存の本能の声である。この葛藤を手放してはいけないのだ。

矢部史郎の言うことをとくと聞いてみることにしよう。

放射能を食えというならそんな社会はいらない、ゼロベクレル派宣言／目次

放射能を食えというならそんな社会はいらない、ゼロベクレル派宣言

聞き手——池上善彦
対話収録日：2012年3月15日，16日，28日，4月12日

装訂——小橋太郎（Yep）

【本文掲載写真】
p.23：中野区の公園にて，ブランコ周辺の線量を計測
（撮影：福田慶太 2011年6月5日）

p.76-77：福島第一原発の敷地内には，大量の汚染水の処理タンクや
汚染物質の保管コンテナが，累々と並べられていっている
（撮影：森住卓「接近空撮 福島第一原発4」2012年4月5日）

p.98-99：福島県川俣町では，こどもたちが簡易型線量計を携行させられた
（撮影：森住卓「子どもたちに配られた線量計」2011年7月11日）

本書のための用語集

◎**3・12**……東日本大震災を「3・11」という日付で呼ぶのにたいして、東京電力が引き起こした放射能拡散事件を「3・12」という日付で呼ぶ。「3・11」が天災であるのにたいし、「3・12」は公害事件である。放射能拡散問題は「3・12」を起点に、今後数百年間継続する。

◎**東京電力放射能公害事件**……福島第一原発から放出された放射性物質は、東北・関東・中部地方・太平洋・北米西海岸に降りそそいだ。事故直後に放出された放射性物質は、すくなくともセシウムだけで3～4京ベクレル、事故から1年後の現在も毎時7000万ベクレルの放出が継続している。大気をつうじて拡散した放射性物質は、地表を移動しながら濃縮し、目にみえない「地雷」を形成していく。2012年4月には、東京都江東区と江戸川区で、20万ベクレル／kgの「地雷」が確認されている。

◎**レベル7**……日本政府は当初、福島第一原発の事故評価を「レベル5」として発表。その後、IAEA（国際原子力機関）はこの事故を「レベル7」とし、日本政府もこれを追認した。「レベル7」は1986年のチェルノブイリ原発事故と同等であることから、東北・関東地域で住民の自主退避が始まった。

防護措置の観点にたってチェルノブイリ事件を参照するならば、「レベル7」という事態に際して当時のウクライナ・ベラルーシ・ロシア各政府がとった措置は不充分であったことを明記しておく必要がある。「レベル7」という事態は、どれだけの防護措置が必要であるかもまだわかっていない、人類未踏の領域であり、被曝被害を出さないためには、すくなくともウクライナ政府以上の防護措置が要求される。

しかし日本政府は、史上最大の防護対策をはじめから放棄している。これはチェルノブイリと同等かそれ以上の被曝被害が発生することを容認したということだ。ここから、「レベル7」の過小評価、解釈がえ、意図的な忘却がはかられることになる。

◎**思想**……ここでいう思想とは、たんに人が思うことの内容ではない。何かを思いつめた人間など腐るほどいるし、その内容じたいは数年で無効になってしまうものだ。人間が口にする「意見」は、そのほとんどが思想とは無関係の迷信である。

思想は人間の個体を超えてひとつの生命のようにふるまい、世紀を超えて生きつづける。そのため、力ある思想は怪物に喩えられ怖れられてきた。思想とは新しい生を産みだす行為であり、非生物学的方法で営まれる生殖活動である。

◎**科学**……科学とは、人間を不自由にしているものをそれとして対象化し考えること。科学的であるためには、人はみずからに強いられた制約に親しまなくてはならない。この受苦のプロセスが科学である。受苦のプロセスをみずからのものとして引き受ける科学的態度は、社会に不安を与え、社会と敵対することになる。

原子力工学が社会に受け入れられてきたのは、それが厳密な意味で科学ではなかったからである。市民・民衆による放射線計測活動が社会に大きな不安を与えるのは、それが科学だからである。社会は、ある実践がもたらす結果を怖れるのではなく、その実践が科学的であることを怖れる。

◎**拒否の生産性**……70年代イタリアの社会運動（ア

ウトノミア運動）が生みだした大衆運動戦略。階級闘争の焦点を、労働現場だけでなく、生活の現場全体に拡張していった。工場での山猫ストライキ（労働の拒否）、公共料金の支払い拒否、フェスティバルや自由ラジオの運営（文化産業・意識産業の拒否）、空き家占拠（家賃の拒否）などが展開された。

この大衆運動の特徴は、家事、育児、教育、余暇といった再生産領域（労働力の再生産領域）を、資本増殖の実現の場（不払い労働の場）としてとらえ、労働階級の生活全体が資本主義に包摂された社会を発見したことにある。ここで労働や生活や教育をめぐるスローガンは、たんに個別的な待遇を改善するための要求ではなく、その環境を必然的に生みだす社会構造全体を問題化し、拒否するために掲げられる。

「拒否の思想」は各国に波及し、現代的な労働運動・社会運動の基礎となっている。資本主義のアキレス腱は、工場の外にある。したがって労働階級がその「日常生活」の何かを問題化しブロックしたとき、それは工場のストライキよりも大きな打撃を資本に与えうるのである。

これは公害事件を闘うとき重要な指針となりうる。放射性物質にまみれた「日常生活」を拒否すること、忘れたふりをやめて議論の俎上にあげること、汚染食材を公然と拒否すること、住宅を捨てて移住することは、資本増殖の秘密を暴露すると同時に致命的な打撃を与えるだろう。

◎**主婦**……本書でいう主婦は、核家族（ブルジョア家族制）によって形成された「典型的」な専業主婦だけではない。ここでは既婚か未婚かを問わず、家事を担う者をすべて主婦と呼ぶ。育児・教育・介護・衛生・住宅保全・地域活動に責任を負い、または押しつけられ、これらについて無償で働いている者を、すべて主婦とする。この膨大なアンペイドワークを担っているほとんどは女性であり、彼女たちはこの社会の最大の債権者である。

1
「放射能を食えという社会」と防護運動の現在

「東京電力放射能公害事件」を許さない

——はじめに、あらためて確認しておきたいのは、矢部さんの「初発の行動」の重要性です。矢部さんは福島第一原発一号機爆発直後の2011年3月12日、東京を離れ、愛知に退避されました。奇しくも、そのちょうど1年前に、現在の状況を予見していたかのような『原子力都市』（以文社、2010年3月15日）という本を出していた矢部さんが、まっさきに逃げた。かなり衝撃的でしたが、一方でとうぜんのことだとも思いました。

「3・11」から1年以上たったこんにちの段階では、だれしも、いくらでも、もっともらしいことがいえます。しかし、あの瞬間、これから何が起きるのか、どのような放射能災害が現実化するのか、明確に予測していた人はごく少数だった。そのなかで、爆発直後に退避したこと、3月中に移住という態度決定をしたこと、「東北・関東圏からは退避すべき」と一貫していいつづけてきたことの重要性は、くりかえし指摘すべきでしょう。そして、そのような「初発の行動」と、瞬発力こそが、思想というものなのだと思います。

爆発の瞬間は、どんなイメージが頭に浮かんでいたのですか？

爆発というのは、まさしくスペクタクルです。原発でも、そうそうしょっちゅう起きるものではありません。

じつは、地震が起きた時点では、それが現実のものになるとは思っていませんでした。2007年の新潟県中越沖地震でも、柏崎刈羽原発では煙が出たくらいで、それほどのスペクタクルは起きていない。でも、じっさいには放射性物質が大量に放出されたわけで、目にみえない恐怖はあった。けれども、スペクタクルとしては小規模だった。

ところが、福島第一原発は、文字どおり爆発しました。わかりやすすぎるというか、こんなに劇画的、映画的な絵がありうるのか、これほどベタにスペクタクルでいいのか。一瞬、リアリティをつかむのに苦労したくらいです。でもすぐにわれに返って、「これは終わったな」と思った。

現在おこなわれている、そして今後もはてしなくつづくだろう放射線との闘いを、細部まで具体的に思いえがけていたわけではありません。でもとにかく、暗鬱な未来のイメージが浮かびました。東京における都市生活は壊滅したと直感したのです。

よく誤解を受けるのですが、こどもをつれて逃げたり、公園の砂場の線量を計測してまわったり、食品についてやかましくいったりすることで、「矢部は育児に熱心だ、母性的な要素をもっている」といわれる。でも、じつはぜんぜんそういうことではないんです。私がこどもを徹底して被曝からまもろうとしているのは、自分がこどもの世話をできるだけしたくないからなんです。

こどもが被曝で衰弱したり、病気になったりすれば、病院につれていったり、つきっきりで世話をしなければならなくなります。すでに東北・関東では、体調をくずしているこどもたちが出てきていると思いますが、そのとき苦労するのは親なり、大人です。ただでさえいそがしいのに、これ以上親の仕事を増やさないでくれ、と心の底から思った。公害事件でつねにツケをまわされるのは、生活であり、家事であり、親であり、女性です。これが許せない。

いま、全国の親たちががんばっているのも、その核心に「私たちにツケをまわすな」ということがある。東電による公害事件によって、家事労働をいっそう増やされることへの抵抗であり、叛乱です。

がれきや給食の問題で奮闘している主婦たちをさして、母性主義イデオロギーだなどといって非難する向きもありますが、まったく見当ちがいです。そういうことをいう人は、こどもが被曝の脅威にさらされているとき、それを気にするのはとうぜん母親であるべきだと考えている。それこそが母性主義イデオロギーでしょう。

全国で主婦をふくめ女性たちがけんめいに動いているのは、生活というものはだれかに丸投げすることができないことを、彼女たちがよく知っているからです。最終的にそのツケがまわってくるのは自分たちだろうと予感しているし、もしそのときになれば、その責任をあまんじて引き受ける覚悟ももっている。でも同時に、国と東電のせいでそんなことを引き受けてたまるか、ふざけるな、という強い怒りもいだいている。これは母性主義でも何でもない、むしろ母性主義イデオロギーを破壊する思想だと思います。

――そして、退避からちょうど1年後に、矢部さんは『3・12の思想』(以文社)という本を出版されました。退避の日付が、そのまま思想の言葉になっているわけですね。

あの本は、退避後、私がかかわってきた放射線防護活動の意義と可能性をまとめたものです。私は愛知県内に居をさだめたあと、2011年の5月から7月にかけては、こどもたちの遊び場である関東各地の公園の放射線量を計測してまわりました。そして9月以降は、おもに食品と土壌の核種分析にたずさわっています。

『3・12の思想』の出版動機の根底にあったのは、今回の出来事を、絶対に「想定外の震災による不測の事故」などといってごまかさせないぞ、「東京電力放射能公害事件」

として明確にたちあがらせるぞ、という決意です。とりわけ、半減期が2年であるセシウム134——東電が福島第一原発から放出したものであることがあきらかな核種——を、早い段階で測り、記録しておくことは、東電に犯罪の責任をとらせるうえできわめて重要になってきます。ここを押さえておかないと、私たちはほんとうに「やられっぱなし」になってしまう。

「公害」とか「リスク」といった言葉には、これまでは資本主義の継続に都合のいい意味しか与えられてきませんでした。その根底には、被害が局所的・一時的であり、資本主義がいずれはそれを改良できるだろうという甘い見通しがあった。むしろ、「公害」や「リスク」の概念が、「資本主義的社会」を維持する張力となってきたとすら、いえるのではないでしょうか。

なぜ今回の出来事が、公害事件として明確に認知されないのか。これは今後、さまざまな角度から考えていくべき問題ですが、私は何よりも、人文・社会科学の研究者が沈黙していることを不可解に感じます。

荒畑寒村のデビュー作は、足尾銅山鉱毒事件をルポした『谷中村滅亡史』（1907年）です。社会主義者・寒村にとって、原点は谷中村だった。これは、左派知識人に

とって常識といってもいいような事実です。企業と国家が起こした公害事件でおおぜいの人が苦しみ、亡くなっていく事態をしっかりととらえて、告発する。そういう思想的な系譜があったはずなのに、なぜ現代の知識人は今回のことを、公害事件として掘りさげようとしないのか。

だから、「3・12」を機に、「公害」や「リスク」の意味を拡充しなければならないと思っています。私は、「東京電力放射能公害事件」をけっして許さないことで、「公害」や「リスク」の概念が、資本主義を転覆する装置へと反転するはずだと考えているんです。

タイトルに「3・12」という日付を入れたのは、何よりも、地震・津波災害と放射能拡散問題を、いっしょくたにあつかうことに強い疑問をもったからです。もちろん、地震や津波の被害がたいしたものではないといいたいのではありません。しかし、時間をかけてとりくむ「復興」とは異なり、放射能との闘いは、まさに一分一秒をあらそう問題であって、うかうかしていれば膨大な数の人々が公害事件の犠牲をこうむることになるんです。

つまり、この事態を公害事件として名指すべきだという思想と、地震と津波の初発の衝撃、そして爆発の驚愕からわれに返ったその翌日、「3・12」からが、国家や末期資本主義と対峙する社会戦争の本番なのだという覚悟を、タイトルにこめたかった。

　そして現実に、いままさに、地震・津波からの「復興」という課題と、放射線防護という課題が、するどく対立する局面が生じています。そこではあきらかに「復興」が放射線防護の障害になり、おおぜいの人々の生命が危険にさらされている。ふたつの課題をあいまいなかたちでひとくくりにしていると、どうしてもこういう事態になってしまいます。このことは、がれきや食品汚染の問題とも関連させながら、あとであらためてお話ししたいと思います。

――国も東電も自治体も、はじめは「東京電力放射能公害事件」の被害を記録するための計測を、まともにやろうとしませんでした（いまもじゅうぶんな計測がなされているとはいいがたいですが）。膨大にばらまかれた放射性物質のなかで、その量も危険性も明確にされないまま生活することに不安をいだいた住民たちが、自力で、すこしずつ、手さぐりで測っていっているわけですね。私はそれを、民衆による「計測運動」ととらえています。

　まさしく、現在各地で展開しているさまざまな活動は、計測と防護の「運動」というべきものですね。そしてそれは、従来の「運動」と、ある一点で決定的に異なっている。自然発生的、自律的であるだけでなく、自己創出的な性質をもっているのです。思想も方法も、何もかも手さぐりのまま、「運動の運動性」が不断に編みなおされていっている。

いま私たちが生きている世界は、福島第一原発事故によって、とてつもない量の放射性核種が放出された「レベル7」の世界です。これは、国際原子力事故評価尺度（INES）による原子炉の事故評価のみを意味するのではない。莫大な量の放射性物質が大規模に拡散した世界を、私たちが長期にわたってサバイブしていかなければならなくなった、その状況そのものをさします。

そして、生きのびるために必要な現状把握の行為じたいが困難をきわめる。ただでさえ複雑な地形をもつ日本列島に、これだけ大規模に微細な放射能のチリが降ってしまったのですから、汚染の複雑さははかりしれません。そのような複雑で苛烈な危機のなかで、国家・行政・企業社会は、放射能拡散の現状をことごとくネグレクトしている。だから、われわれは生命と生活をまもるため、そして犯罪者たちをとりのがさないために、みずから計測と防護にとりくまなければならなかった。

のちにくわしくお話しすることになりますが、そのとき、みえない放射能の力を何とかしてとらえるために、私たちは「ベクレル」の単位をつかいます。それは専門家と国家と資本が依拠する「シーベルト」の思想への抵抗でもある。

その意味で、いま、運動における「資本／労働」「国家／民衆」の対立の焦点は、「ゼ、ロ、ベ、ク、レ、ル、派、か、否、か」にあたっている、といういいかたもできるのではないかと考えています。

――放射性物質の性質から考えて、防護活動は息の長いものにならざるをえません。わかっている核種だけでも、100年で16分の1、ゼロに近づくのは200年後だという。

とうぜん運動も、気の遠くなるような長いスパンで考えていかなければならない。そのなかで、とにかくいまから着手しておくべきことは、まずは計測の継続、濃縮ポイントの把握、汚染のマッピングだということですね。とりわけ今回の場合、チェルノブイリとちがって、都市圏が広範囲に汚染された点が困難を増幅させています。そして第二に、矢部さんがおっしゃるように「東京電力放射能公害事件」の訴訟の体制を整えることですね。

民衆による「放射能計測運動」

——何よりも、今回の事態が「科学的災害」であったことが、運動にプラスの影響を与えていると思います。２０１１年の3月から4月にかけて、１か月ていどの短いあいだに、私たちはものすごい勢いで、放射能について学習せざるをえませんでした。そして、その学習をふまえて、最初は一部の人々が、そしてしだいに全国各地でおおぜいの人々が、自主的に計測運動を展開していった。

市民による計測グループ、理科の先生による自主計測など、4月初旬の段階ですでにいくつかの計測運動が生まれていたと思いますが、矢部さんも退避後まもなく、関東圏の公園の線量計測をはじめたわけですね。その詳細が『3・12の思想』に書かれています。

共同通信によれば、２０１２年の2月までに、東日本を中心に全国で２５０万件もの線量データがあつまっているという（２０１２年2月19日配信）。これはものすごいことですよね。

そこで重要なのは、「原発は危ない」というのはもうあたりまえの前提で、みんな「もっと科学的な話をきかせろ」と感じていることだと思います。

とにかく楽しいですね、すばらしい。事故じたいは悲惨きわまりないけれども、そこから科学的探究が自然に隆起したことがよろこばしい。

なにしろ、莫大な量の放射性物質がフォールアウトしてしまったのに、政府も東電もひたすら事故を過小評価することに専心して、人間の生命をおびやかしつづけてきた。だから、私たちはみずから徹底して科学的にならざるをえなかったといえます。

そうやって人々のあいだに自然発生的に計測運動が生じたことは、レベル7の悲劇的な状況下における最大の希望です。いまや全国に、わかっているだけで50か所以上もの市民測定所がもうけられています。その数はこれからもどんどん増えていくでしょう。

政府や原子力ムラはもちろん、知識人も、民衆のはるか後方にいる。実践のレベルでも思想のレベルでも、民衆に追いつけず、その後ろ姿をみてブックサいっている、という感じがします。

この動きの総体を、パニックだとか、放射能ヒステリーだとかいって片づけることは、もうだれにもできない。

3月末、混乱のなかで、私じしん何をどうしたらいいのかわからずにいたころ、人々の科学性はすでにどんどん深化していました。「学習」から「翻訳」にまでいっていた。その時点でもう、アーニー・ガンダーセン（アメリカの原子力技術者）やクリス・バズビー（イギリスの科学者。欧州放射線リスク委員会科学担当委員）などの談話の動画が、日本語訳つきでユーチューブにあがっていたんです。訳をつけたのは学者でも何でもない、無名の、アノニマスたちです。政府や東電が隠蔽にひた走っているなかで、だれもが、海外の科学者や技術者がフクシマをどのようにみているのかを知りたがっていた。それにいちはやく応えたのは、アノニマスの人々だったんです。

――2011年の5月末、フランスからクリラッド(CRIIRAD 放射能にかんする調査および情報提供の独立委員会)が来日して、計測方法についての講座をひらいたときにも、民衆の科学志向というものを如実に感じました。「α線とβ線とγ線のちがいを、もっとくわしく説明してほしい」という質問なんかがぽんぽん出て、まるで大学の物理学の教室みたいです。人々は学習をふまえて、さらに高度な知識をもとめている。

「素人による素人のための放射線計測講座」ですね。フクシマ後、国内に何も参照枠がないなかで、クリラッドやグリーンピースの実践と方法は、とても参考になりました。

――矢部さんがかかわっている計測運動の周辺の人々は、どんな様子でしょうか。

このかん、クリラッドの講座などもふくめ、さまざまな場で、これまでであったことのない人たちとであいました。そのなかで、とりわけ女性たちは、科学志向や探究心だけでなく、退避、「脱出《エクソダス》」への欲望もつよくもっています。

なかでも、田園調布在住の主婦の話がおもしろかったです。彼女は事故の翌々日ぐらい、3月の13日か14日に、ベンツに愛犬のブルドッグを乗せて、高速をすっとばして逃げた。九州まで行きたかったのだけれど、あんまりとばしたので広島あたりで捕まってしまった、というんです。

いま私が愛知でかかわっている市民計測所は、生活クラブ生協系なんですが、ボランティアスタッフによる輪番制をとっています。私は中年ニートなので、平日の日中を担当しています。

平日はほぼ毎日行っているものですから、たいていのスタッフや移住者と顔見知りになる。みていると、3分の1は私と同年代、30代後半から40代くらいの母親です。関東のホットスポットである千葉県の柏市からこどもをつれて、実家のある愛知に退避してきた人もいます。

そしてあとの3分の2は、年輩の女性、おばあちゃんなんですよ。息子が東京にいるんだけど、大丈夫なのか、と心配している。「帰ってこい」といってもいうことをきかない、とこぼしている。

　徹底して科学的にやろうとしていると同時に、「逃げたほうがいい」と切実に考えてもいる。そういう思いをひしひしと感じます。そして、じっさいに退避・移住ができるかどうかは別にして、「とどまること」にたいするそうした危機感は、これからどんどん全面化していくと思うんです。

「放射能を食えという社会」があらわれた

――放射能は、いちど「注意しよう」と思ったら、際限がなくなりますよね。気にしていたら生活ができなくなる、というのも一面の真理でしょう。だから、「部分的に気にする」とか、「力いっぱい気にしない」という態度を選ぶ人もいる。

　だれしも、放射能にやられたくはない。心の底の底までさらけだせば、じつはみんな「ゼロベクレル派」なのかもしれません。しかし現実に生活するうえでは、それぞれ、「気にする」「気にしない」のあいだでせめぎあいを感じながら生きている。この問題と、矢部さんの提起する「3・12」という境目は、どのようにかかわっているのでしょう。

震災後、「3・11」という日付が、ひとつの分岐点として世界的に共有されていきました。しかし、そこに境界線をひくことは、一面ではさきほどのべたように、「フクシマ後」の問題をみえなくしてしまいます。

国家や企業社会は、本気で計測をしないばかりか、民衆に「絆でがれき受け入れ」「食べて応援」などという、むちゃくちゃなモラルを押しつけています。がれきや汚染食材を拒否すると、冷酷だ、エゴだ、非国民だといって非難される。復興イデオロギーのせいで、放射能との闘いに集中することができなくなっているんです。

これはほとんど翼賛体制であり、戦争です。そういうレベル7の戦時下で、人々は「逃げる／とどまる」「食べる／食べない」をめぐって、親しい者どうしのあいだですら葛藤をかかえ、緊張した日々をすごしている。むしろ表面上はともかく、心の底をのぞけば、じつは日本中が「ゼロベクレル派」と「力いっぱい気にしない派」にまっぷたつに分かれているのではないか。日常のあらゆるところで、「ベクレル社会戦争」が起きているといってもいい。

何より、計測運動が退避にダイレクトに結びついていかないことに、私はいらだちを感じています。復興イデオロギーがそのじゃまをしている。「絆」や「食べて応援」のキャンペーンにはばまれて、退避がすすまないということに、私はほんとうに腹を立てています。計測より、議論より、まずは避難だろう、というような地域にさえ、いまだに人が住んでいる。この恐ろしい状態から目をそむけて、国をあげて「復興」をいいたてるのは、きわめて異常な事態だと思います。

なぜ、このようなことになってしまうのか。ひとつには、「3・11」と「3・12」をごちゃまぜにしているからです。その混同ないし複合は、意識的なものかもしれないし、無意識的なものかもしれない。

放射能拡散の恐ろしい現実を、「地震と津波からの復興」のイメージでおおいかくしている。だから「放射能を食えという社会」が出現してしまっているわけです。レベル7とは、ほんらい、徹底して脱出《エクソダス》を要する事態です。収束、再生、復興をおこなうべきものではありえない。

これは、長年にわたって柏崎の反原発運動にたずさわってきた活動家の言葉なのですが、「復興」がどういう歴史的背景をもったイデオロギーであるかを、私たちはいまだにきちんと検証できていない。関東大震災からの東京の「復興」は、近代日本のひとつの神話になっています。しかし、ほんとうは、近代日本が「復興」をいうときに、私たちは最大の警戒心をもたなければいけないはずです。かがやかしい復興へのプロセスと並行するかたちで、在日朝鮮人の虐殺、社会主義者の弾圧、翼賛体制の構築という事態が起きていったのですから。

——まさに「冬の時代」ですね。関東大震災を境に、日本がどういう道にすすんだか、ということは、大々的にいわれ、継承されてしかるべき歴史的経緯なのに、それがしっかりととらえられていない。

いま、福島周辺の高線量被曝地帯の人々が、あのときの在日朝鮮人や社会主義者のように虐殺されようとしている。これが、私が現在いだいている最大の危機感です。

私はこれまで、「将来設計」だの「ライフプラン」だのといったものを、生命保険会社の愚劣なキャッチコピーにすぎないものとして、徹底的にしりぞけてきました。しかし、3・11以来、そういうものをいやおうなく思いえがくようになった。5年先、10年先に、はたして自分は生きているだろうか。10年後の時点で、さらにその10年先を見通せる状態だろうか。こどもの未来は……といったことを、考えざるをえなくなってしまったのです。

私でさえそうなのだから、若い人にとってはなおさらでしょう。だからこそ、手遅れにならないようにしたい。

すくなくとも、福島を中心とする高線量被曝地帯にかんしては、「除染→帰村」は論外としても、補償をうんぬんするより先に退避すべきだろう、と。生命や再生産に甚大なリスクを負ってしまってから、補償にむけて闘うというのは、後手にまわった戦法です。まずは逃げるべきだろう、なぜ逃げないのか、とどうしても思ってしまう。

さらに、首都圏をふくめた低線量被曝地帯は、補償などほぼ確実に無理ですから、むしろ福島以上に、自衛の手段として退避・移住が必要です。

若い人の人生が壊されること、若い人たちがみすみす自分の人生を壊すにまかせるのを傍観していることは、どうしてもできない。被曝したこどもたち、若者たちは、今後10年、20年先に、就職や結婚で差別されるかもしれない。そうやって、人生にたいする極度の不安をずっと抱えて生きていかなくてはならない。そのときになって、「ああ、あのとき逃げていれば、移住していれば」と思っても、遅いんです。

私はこの暗鬱な未来像にうちのめされて生きていくのはいやだから、若い人たちにどうしても伝えたい。天災とか、エボラ出血熱など致死率の高い感染症——いわば「神の暴力」——とちがって、これは社会的被曝なんです。社会的被曝によって多くの人が人生を毀損される事態をみすごしてまったら、自分にとって「原罪」になってしまうのでは、とすら考えます。

——ただ、高線量地帯の人々は、放射能学習の度合いも高いですよね。いまはまだ退避・移住の決断ができずにいるとしても、今年あたりから新しい動きが生まれていくのではないでしょうか。私は、決断した人たちが徐々に退避・移住をしていって、避難先にその知識が普及するといったかたちで、今後の運動によい循環が生まれていくのではないか、という楽観的な見通しももっています。

そうですね。その動きを加速するためにも、あえて強い言葉をつかえば、「社会／思想を除染する」ぐらいの気持ちでやらないと、と思っているんです。「放射能を食え」と強要する社会が、なぜ生みだされ、維持されてしまうのか。その思想の毒性こそを、解毒というか除染というか、解除したいですね。

計測運動の根底にあるもの

――しかし、現実問題として、「逃げろ」ということを、ほかの人間の主観性に呼びかけることは、なかなかむずかしいと思うんです。家族、生活、仕事など個人の事情があるから、といったことを超えて、そもそも人にいわれて「逃げよう」という判断ができるものかどうか。

本気で安全だと思いこもうとしている推進派や利権関係者をのぞけば、多くの人が、補償があれば退避したいと思っているのだから、「逃げるべきか否か」で対立する必要もない。

計測の結果をふまえた行動には、ふたつの可能性があるでしょう。第一に、住みつづけるうえで、除染や防護に役だてる。そして第二に、退避です。測りつづけた結果、「住めない」と判断する。

福島についてはまちがいなく、矢部さんのいうように、「測ってる場合じゃない、まずはとにかく逃げろ」というのが実態です。しかし一方で、福島をふくめた高線量地帯で計測運動にかかわっている人たちは、やっぱり「逃げるために」、あるいは内部被曝を限りなくゼロに近づけるためにこそ測っているという面もある。退避するにせよ、とどまるにせよ、置かれている状況について納得するためのステップなのだということが、計測運動の一つの本質ではないでしょうか。逃げる必要があるならあるで、それを自分でほんとうに得心しないと、前にすすめないというか。人間の尊厳の問題でもある。

それはよくわかります。計測運動に参加していても、今後、退避なり移住なり、ある種の跳躍がつぎつぎと起きていく予感がある。そしておそらくそのエンジンになるのが、計測と科学的探究なんだと思います。知識を得れば得るほど、「ああ、これは住めないな」ということが、深く理解されていくでしょうからね。

ただ、レベル7の現況は徹頭徹尾、社会的被曝なのに、そのことがほんとうには直視されていない気がするんです。それはなぜなのか。

「市民社会」というのは、国家に対峙するもののはずでしょう。国家が「避難の必要はない」といえば、逆にきわめて危険だと判断し、ただちに退避するのが「市民社会の厚み」というものかと思っていました。でも、そうではなかった。

「国家から自立した市民社会」なんて、幻想にすぎなかったのではないか。こんなに多くの人が、「国家に依存した市民社会」の住人だったんだ、自分を「常民」だと思っていたんだ——そういうことに、いまさらながら驚いています。

——それが原子力災害の特徴なのかもしれないですよ。だれの目にもあきらかなダメージというものが、なかなか生じない。ダメージのないものは、人は考えることができない。それが市民社会のリアリティともいえる。

だからこそ、計測運動をつうじて、ひょっとしたら何年もかかって、じゅうぶんに納得してから退避する。それが可能になりつつある現状そのものが、国家から自立した「分厚い市民社会」なのだ、ともいえるのではないですか。

ほんらいは、国家や東電が移住の費用を出すべきなのはいうまでもありません。現在、除染と復興につかっているお金を移住費にまわせば、みんなもっともっと移動するはずです。ただ、退避を望む人たち全員にただちにお金が支給されることも、たとえ費用が出なくてもみんなで一気に逃げることも、現状ではどちらもありそうにないのでは。


だから、市民社会もふくめて、「社会」という概念そのものが、計測運動を可能にもしているし、その反面で退避をはばんでもいるということだと思うんです。もちろん、いちばんじゃまをしているのは国家と資本ですが、その復興イデオロギーに「社会」として抗しきれていない。

事故後、迷わず退避できたのは、私もふくめて「はぐれ者」でした。国家からも社会からもはみだした人間たちです。

一気にではないにせよ、これから徐々に、あらゆる「社会」が解除されて、人々は分子レベルに解体していくと思います。「生への執着」と自己保存の原理が前景化することで、親子、夫婦、家族からご近所、地域、会社、業界まで、あらゆる「社会」が解体していく。だれもが他人になるし、難民化する。

退避・移住した人たちと話していると、かれらはすでに常民をやめて「外国人」になっているから、なにしろ強いんです。知性の面だけでなく、人間としての力が強いし、自己保存を肯定する意志と力に満ちている。インチキな言説に絶対にだまされない強さがある。避難先にはもう、「社会」が解体した後の「難民たちの世界」のイメージが、きざしとしてあらわれていると思います。

――分子レベルの解体も、計測運動からはじまるということでしょうね。測りに測ったうえでの「原発てんでんこ」というわけです。

じっさい、福島からの移住者が現時点で6万人と、動ける人はすでに移動している。農業生産についても、「農民の土地への愛着」なんていわれていますが、農民は土地への愛着はすごいものがあってそれは真実なのだけど、開拓の歴史などからもあきらかなように、「逃亡の文化」もまたもっている。

農民は、土に執着しているからこそ、土の汚染をきわめて唯物的にとらえていると思います。

有機栽培で精魂こめてキャベツをつくっていた須賀川市の野菜農家、乳牛を泣く泣く殺処分した相馬市の酪農家。彼らが自殺してしまったことの根本には、土がだめになった、もうつくれない、育てられない、という絶望があったと思います。「がんばろう」だとか、「食べて応援」という観念的な言葉の空疎さを、いちばん身にしみて感じているのは農業生産者のはずです。

それから、こうした農民たちの絶望が、あたかも「風評被害」のせいであるかのようにいわれていますが、とんでもない虚偽です。国や東電は、自分たちの補償責任を棚にあげて、「風評被害」といううさんくさい言葉でそれを「社会」のせいにしようとしているんです。

2 ゼロベクレル派宣言

なぜ「ベクレル」でなければならないのか

２０１２年５月、「ゼロ稼働の日」がまぢかに迫っています。もちろん、すべての原発が停まった後も、再稼働や、建設中の３基（浪江・小高、大間、上関）の再始動がなされないよう、監視はつづけなければならないでしょう。

しかし、「ゼロの日」以降は、問題の照準は、防護と廃炉処理をふくめた「放射能との戦争」、つまり「レベル７における闘い」に、全面的に移行します。

この戦争状態のなかでわれわれは、１ベクレルでも余計にとりこまないことをめざす「ベクレル主義」をつらぬかなければならない。

人工の放射性核種は、自然界にある放射性物質と異なり、いくつもの原子が集まってできています。それを人間が体のなかにとりこむと、たくさんの原子たちは、自分が安定するまでえんえんと放射線を出しつづけるので、被曝の度合いが局所的に拡大していく。これが、矢ヶ崎克馬さんらが指摘している内部被曝の危険性ですね。

——今回の事故ではじめてくわしく学んだのですが、１９５５年の時点ですでにラッセルとアインシュタインらが、反核の宣言を出しているんですね。前年の54年におこなわれたビキニ環礁での水爆実験を受けて出されたもので、核物理学者をふくむ科学者集団による、もっとも早い宣言です。

ビキニでは終戦直後の46年から核実験がおこなわれていて、54年3月1日の実験ではヒロシマ原爆の約１０００個分の爆発力をもつ水爆がつかわれ、周辺にとてつもない被害をおよぼした。日本のマグロ漁船、第五福竜丸の乗組員たちが被曝したのもこの実験でです。

◎1955年7月9日、バートランド・ラッセル、アルベルト・アインシュタイン、湯川秀樹ら11人の科学者が署名し、米ソの水爆実験競争を止めるべく、核兵器廃絶・科学技術の平和利用を訴えた宣言文を発表。「ラッセル＝アインシュタイン宣言」と呼ばれる。発表の3か月前に死去したアインシュタインの、人類への遺言とみなされることもある。宣言を受けて、57年より、あらゆる核と戦争に反対する科学者の会合「科学と世界の諸問題にかんするパグウォッシュ会議」が開催されることとなった。

宣言のなかでアインシュタインは、核のもっとも恐ろしいところは、即死せず、病で長いあいだ苦しんで、じわじわと死んでいくことだとはっきり書いているんですね。その時点ではまだ内部被曝のメカニズムはあきらかになっていないのだけれど、数秒で十万単位の人たちが死んでいったヒロシマ・ナガサキの原爆の恐ろしさはすでにかなり伝えられていた。しかしアインシュタインは、核兵器の最大の脅威は、ヒロシマやナガサキのような即死よりもむしろ、まさしくビキニ実験の被害者がこうむったような内部被曝による晩発障害とその結果としてのじわじわ死だ、といっていたわけです。

核兵器と核災害は、おおもとは同じでもちがうところがある。今回のフクシマのような核災害の場合、放射能による障害が出るかどうかはっきりしない、そういう線上で生きていかざるをえない。現在の時点からふりかえっての話ではあるけれど、アインシュタインが54年にすでに指摘していたことを、私たちはフクシマをへて、いまようやく自覚しつつあるのだと思います。

まさしくそれが、内部被曝と晩発障害の恐ろしさですね。急性障害でぱたっと即死できるなら、まだましともいえます。

たとえ1ベクレルでも、内部被曝によって人体は負の影響をこうむる。その先にまっているのは、長期にわたる不安と闘病です。人工放射性核種に、「ここまでなら摂取してもだいじょうぶ」などという「基準値」をもうけることはできないのです。

そしてこのとき、放射性物質が放射線を出す能力、つまり放射能そのものの量をあらわす「ベクレル」（Bq）の単位（1個の放射性核種が1秒間に1回崩壊して放射線を放出＝1ベクレル）で考えないといけない。

マスメディアや御用学者は、「人体への危険度」をあらわす「シーベルト」を好んでつかいます。シーベルトはみなさんご存じのとおり、量をあらわすベクレルに、核種ごとの「実効線量係数」をかけて算出される値です。

しかし、この係数は、だれが、どのような根拠にもとづいて、放射能が人間に与える影響を推しはかり、決めたのでしょうか？　シーベルトは、推進派たちが民衆をだますためにあみだした単位ではないのでしょうか？

じつは、ベクレルとシーベルトの関係性はそれほど単純ではありません。「実効線量係数」は、ＩＣＲＰ（国際放射線防護委員会）が人体の複雑なメカニズムを数値化することで無理やり提示した、ひとつの数式モデルにすぎないのです（この問題も市民によって追究されています。ブログ「続研究日誌モンテカルロ」の２０１１年4月16日の項などを参照）。

この「複雑さを数値化する」という問題は、フクシマと、その歴史的背景とも深くかかわるので、のちほどくわしくお話しすることになると思います。

私たちは、目にみえない放射能の力をダイレクトにとらえたい。そして、「人体に与える影響」を自分たちで考えて、決めたい。だから、水、食品、土壌にふくまれる放射能の「強さ」をあらわすベクレルで考えたいのです。

「フクシマ・ゼロベクレル派」宣言

１９８６年のチェルノブイリ事故のあと、西ドイツでも日本と同じように、母親たちの放射線防護運動が自然発生的にたちあがりました。「緑の党」を中心としたドイツの反原発運動のなかで、このように放射能にたいする不安、とくにこどもをもつ親の不安を運動の中心に据える人々は少数で、運動の内部ですら「ベクレル派」という蔑称でよばれていました。

では多数派は何であったかといえば、「政治派」です。

政治派は、「ばらまかれてしまった以上、なかったことにはできない」として、放射線防護の本質的な不可能性をいいたて、「放射能とともに生きる」ことをやむなしとしました。そして、原発を廃止に追いこむことだけが、放射能から人間をまもる唯一の有効な手だてだと主張したのです。政治派からすれば、ベクレル派はただただ放射能を恐れるばかりで、原発廃止という実効性のある政治にかかわろうとしない人々だということになります。

このような運動内部の葛藤は、従来は「日常」対「政治」といった枠組みでとらえられてきました。しかしこうした枠組みは、自己保存の力や意志を「おとなしい生活者」の立場に閉じこめてしまいます。それにそもそも、主婦たちが線量計をもって街じゅうを走りまわり、測りまくっている光景は、「日常」といえるのか、という問題がある。放射性物質にたいする人間の弱さをみようとしない政治派と、最新の知見にもとづいて放射能を恐れるベクレル派と、どちらが「科学的」でしょうか。

そして、ベクレル派はけっして温厚な「日常の生活者」ではありませんでした。自己保存に裏打ちされた、野生的な存在でした。だから政治派の批判などまったく意に介さず、防護活動をつづけた。

私たちはドイツ・ベクレル派と思いを同じくしつつ、ここに「フクシマ・ゼロベクレル派」を宣言したいと思います。

さて、ゼロベクレル派でやっていこうとすると、「基準値」や「許容量」の概念も疑わざるをえなくなってきます。「核の平和利用」に警鐘を鳴らしつづけた核物理学者・武谷三男さんが、「許容量」を「がまん量」と定義しなおしたことは、すでに多くの人がご存じかと思います。武谷氏によれば、「許容量」とは「安全」を保証する自然科学の概念ではない。原発による放射能被害を例にあげれば、メリットとデメリットをはかりにかけて、「これだけの電気を安価に安定供給できる（これも嘘だったわけですが）のだから、これくらいの放射能はがまんしなさい」と主張する、社会科学的な概念です。

武谷氏はこれを、「がまん量」と名づけなおした。ドイツ政治派の主張にもあてはまる、納得のいく命名です。

私たち人類は、いまのところ原発から出た放射能に適応できていません。したがって、「がまんできる量」などじつはだれにもわからないし、ましてや「基準値」などというものはあやしくなってくる。現在の戦争状態のもとで、健康被害をもっとも重視した国際基準の「1年1ミリ」が、私たちが準拠すべき唯一の「がまん量」とみなされています。しかし、これもじつは、内部被曝や低線量被曝、晩発障害のじゅうぶんなデータがないまま、危険性を最大限にみつもって合意にいたった「暫定値」にすぎないのです。

サンプル検査の問題点

それでも私たちは当面、「1年1ミリ」を死守すべきラインとして、日常を闘っていかなければならない。最大の脅威である内部被曝を避けるためには、食品のみきわめが死活問題になってくる。

ところが、『3・12の思想』でものべましたが、食品の放射能汚染を測定するさいには、厳密に考えていけばいくほど、どうしていいかわからなくなるような、「複雑系」の問題がつねにつきまといます。

まず、「サンプル検査」の本質的な問題点があります。

政府は食品中の放射性セシウムの許容上限にかんして、原発事故の直後からずっと、「1キログラムあたり500ベクレル」という恐ろしい数値を強弁してきました。それがようやく多少なりと厳格化され、2012年4月1日から「新基準値」が適用されています。これも民衆の直接行動の成果といえるでしょう。

◎食品にふくまれる放射性セシウムの許容上限　2011年3月以来の「暫定基準値」では、水・牛乳・乳製品は1キログラムあたり200ベクレル、穀類や肉、魚、野菜などの食品は同500ベクレル。これが2012年4月1日以降に適用されるようになった「新基準値」では、水は10ベクレル、牛乳と乳幼児の食品は50ベクレル、その他の食品は100ベクレルへと、一定の厳格化がなされた。ただし、「流通期間が長い」ことなどを理由に、コメ、牛肉、大豆には「経過措置」が設けられ、コメと牛肉は10月、大豆は2013年1月から新基準値が適用されることになっている。厚労省では新基準値の根拠について、放射性セシウムの年間許容上限を現在の年5ミリシーベルトから国際基準の年1ミリシーベルトに引き下げたうえで、食品の国際規格を決めるコーデックス委員会の食品基準をふまえて算出したとしている。

それでも日本の「基準値」はまだケタちがいに高い。チェルノブイリ事故を参考に世界でももっとも厳格なルールを敷いているドイツ放射線防護協会のセシウム137の基準値は、こども4ベクレル、成人8ベクレルである。

そして、ある食品のサンプルをとって、線量を測って、この「基準値」に照らして、「食べてはいけないかどうか」を判断しようとするわけですが、じつはこのサンプル検査というのが、穴だらけの方法です。すくなくとも放射能汚染の複雑さにはまったく対応しきれない。

どういうことか説明します。

まず、汚染されたひとつの畑から、キャベツを1個、測定サンプルとしてとりだすとしましょう。その畑は、全体が均一に汚染されているわけではないですね。放射能のチリは風に乗り、雨にふくまれ、好き勝手にあちこちへ「まだら」に落ちたわけですから。ひとつの畑のなかに、非常に濃度の高いホットな地点と、さほどでもない地点と、雨に洗われてかなりきれいになった地点がある。その濃度のばらつきが、1メートルとか2メートルの間隔で近接して存在するわけです。そして、この畑のまだらな状態がキャベツに反映しています。

とりだした1個のキャベツが、比較的きれいな地点に植わっていたものならば、測定結果は低く出ます。しかし、このキャベツが植わっていた畝から3列はなれた別の畝から、もうひとつキャベツをとって測ったら、同じ結果は出ません。ひとつの畑は均質ではなく、まだらに汚染されているのだからとうぜんです。

そして、とりだした1個のサンプルが、10ベクレル／kgという値を示したとします。これはこの畑にできているすべてのキャベツの最高値なのか、平均値なのか、最低値なのか。これは全数検査をしないかぎり、わかりません。

そこで、危険性をできるだけ大きくみつもる原則にもとづいて、この「10ベクレル／kg」という値は、おそらく最高でも最低でもないのだろうと推測します。すると、この畑には10ベクレル／kgを超える、より汚染度の高いキャベツが、すくなくとも1個以上存在するということになります。

つぎに、1個のサンプルが10ベクレル／kgだったことから類推して、この畑のキャベツの最高値を概算することはできるでしょうか。これも、無理です。1個のサンプルが、畑全体のなかで、どのレベルの濃度スポットに生えていたのかがわからないからです。サンプルが比較的濃度の高いスポットのものだった場合、「10ベクレル／kg」と最高値の差は、10倍ていどでおさまるかもしれない。逆に濃度の低いスポットから採られていた場合、差は拡大し、2ケタも3ケタも上の数値を最高値として想定しなくてはならないかもしれません。

地表にフォールアウトした放射性物質は、その直後から濃縮をはじめます。雨が降るたびに、あるポイントが洗われ、そこから流れたセシウムが別のポイントに集まっていきます。そうすると、濃度のばらつきがどんどん激しくなるので、低濃度スポットと高濃度スポットの数値の差は、2ケタや3ケタではすまなくなる可能性だってあるのです。

定量的な議論では、レベル7に対応できない

そういうものを相手にしているわけなので、畑からたったひとつのサンプルを採って測定したところで、その数値はごく断片的なものにすぎない。母集団（畑のすべてのキャ

ベツ）の性質を推測するのにはほとんど役にたたないのです。だから、たった1個のサンプルの数値が基準値を超えたかどうかで、その畑の作物の出荷を判断するというのはたいへんな冒険です。10ベクレル／kgのキャベツが入った段ボールには、１００ベクレル、２００ベクレル、１０００ベクレル／kgのキャベツも入っているかもしれないのですから。

こうした穴だらけのサンプル検査によって「安全を確認する」ことは、ほんとうはできない。サンプル検査でわかるのは、「危険がある」ということだけです。セシウムが検出されたときに、「この畑は汚染されている」ことがわかるだけなんです。

このようなサンプル検査のあやふやさを考えると、食品流通にかんして基準値を設定する行為じたいが、根本的に破綻しているといえます。

これはいろいろな角度から批判されるべき問題ですが、私が腹の底から怒っているのは、きちんとした検査の方法がないじゃないかということです。目の前の野菜が何ベクレルなのか、じっさいにはわからない。そういう困難さをネグレクトしたところで、基準値を設定して、かけ算して、年間何ミリシーベルトですなんていうのは、まったく机上の空論というか、自分の書類をきれいにまとめて悦に入っているだけの官僚主義のきわみです。

厚労省、農水省、文科省の役人たちに、じっさいの現場で測定してみなさいよといいたい。なんにもわかんないんだよと。じっさいには、「なんにもわかんない」わけではないのだけれど、すくなくとも、机のうえでちゃちゃっと定規をひいたり、計算機をたたいたり、パソコンの計算ソフトで何とかなるものではまったくない。定量的な議論がほとんどできない、おそろしく複雑な状況に直面している。それが、レベル7における放射能拡散の現実なのです。

いったい、畑のどの場所から、何か所から、サンプルをいくつとって測れば、「この畑の作物の汚染度はこれくらい」とみさだめることができるのか。計測運動ではその「正解」がまだみつかっていません。これは測定場所が公園でも校庭でも同じことです。

たとえばイタイイタイ病では、神岡銅山（三井金属鉱業）から出たカドミウムが神通川を伝ってひろがったらしい、というふうに、毒物の出所と経路があるていど推測できる。それなら、神通川の流域から、この支流の下流域のここところを調べようというサンプル検査が、一定の有効性をもつでしょう。それが今回は通用しない。東北・関東一帯が大気拡散によって大規模に汚染されたわけですから、ほんとうに細かくていねいに測らないと、実態がつかめない。

水素爆発によって飛散した燃料などが広範囲にフォールアウトし、大気中に拡散した分、それが地上に降った分、山から川に流れた分……核種の微細さと日本の地形の複雑さ、気候の変化を考えると、それらがどういうばらつきで分布したのかなんて、まったく予測がつかない。だから「サンプル検査によって、ある広さをもった土地の汚染度を測る」ことは、じつはほとんど不可能に近いくらい、とりとめのない作業なのです。福島第一原発はいまも放射性物質を放出していて、フォールアウトがまだ止まっていないのですから、事態はなおさら複雑です。

各地から測定の依頼が入り、では畑の土を送ってくださいというと、「畑の……どこをとればいいんですか?」と、かならず聞かれます。こっちも「わかりません」としかいえないんですね。空間線量計をおもちなら、畑の周辺の大気も測りながら、高そうな場所から採取してください、としかいいようがない。勾配があって水が溜まりやすい場所とか、畑のなかで危険と思われるスポットを自分なりに探してください、ということです。

それでもとにかく測って、「あなたの畑の土は、キロあたり10ベクレルでした」などと報告するんだけれども、それは送ってもらったサンプルのみの数値にすぎない。だから、その数値で畑全体の汚染度を代表させて、「うちは10ベクレルだった、だいじょうぶ」なんて類推したら、まちがってしまう。土のサンプルをとったのが、たまたま「きれいな地点」だったかもしれないからです。

畑にかぎらず、一定の広さのある土地の場合、「汚れた地点」と「きれいな地点」のあいだにどれくらいの差があるかのも、まだまったくみえてきていません。今後も調査を重ねて、セシウムの集積と濃縮の度合いを研究していかなければならない。何もかも手さぐりです。

さきほど、キャベツのような野菜について話しましたが、牛乳のような液体は比較的把握しやすいのではないかと考えています。セシウムがふくまれていれば、生産の過程であるていど均質になっていると推測できますから、測定をふまえて「このメーカーの牛乳は何ベクレル」と、多少は自信をもっていうことができる。魚の練り物などにも同じようなことがいえます。困るのは野菜、肉、魚など、個体がしっかりとした生鮮食品です。土地や海洋の汚染の「まだら度」がそのまま反映しているので、サンプル検査の有効性がとくに低くなってしまう。生産・供給側は、キャベツを分解して、葉をランダムに組みあわせて出荷したりしませんから、「その土地のキャベツの汚染度」を一般化していうことがむずかしい。とりだした1個が「不検出」でも、サンプルからはずれたところに100ベクレルのキャベツがあるかもしれない。

厚労省、農水省、文科省がやっている「測定」も「基準値」も、このサンプル検査の本質的な問題点を直視していません。というか、そんな問題はないものとみなされている。

たとえば肉なり魚なり野菜なり、キロあたり100ベクレルという値が出ても、「いちどに1キロも食べないでしょう」なんてことをいう。ここにも嘘がある。

役所は、200グラムのステーキなら、100ベクレル/kgの5分の1だから、100÷5で20ベクレルていどの摂取です、問題ないでしょう、みたいなことをしょっちゅういっています。ひとかたまりの肉のなかに、セシウムが均質に、きれいに霜降りになって定着しているとでもいうのでしょうか。そんな都合のいい話は現実にはない。

蓋然的に考えて、肉のなかにはセシウムが集中するポイントができていて、それを200グラムずつに切りわければ、とうぜん「アタリ肉」と「ハズレ肉」が出てくる。

でも、民衆は、国のいう「サンプル検査」や「基準値」のまやかしにだまされませんでした。だからこそ、全国で計測運動がたちあがっているのです。しかし、すべての土地、すべての食品をもれなく検査することはだれにもできない。現実にはサンプル検査をやっていくしかない。そこにはつねに、汚染の複雑さを前にした悩ましさがつきまとう。

それでも、計測運動にたずさわっている人たちは、その悩ましさをむしろ糧にして、サンプル検査の方法論を手さぐりでつかもうとしています。

これからは「偏在性」の研究がもとめられる

サンプル検査のあやふやさは、内部被曝を四則演算で測ることも不可能にします。現状では、食品の放射線計測はいつでもだれにでもできるようにはなっていない。そうすると、日常生活のなかでは、サンプル検査にもとづく各食品のセシウム値を信じて、「足し算」をやって自衛するしかない。

武田邦彦さんは、「1年1ミリ」をまもるための食品の許容限度を「年0・4ミリ」とし、「1日の食材量を1キロとして、一食品あたり40ベクレル／kg」という数値を出しています。これはこれで、とても現実的な「足し算」の考え方だと思います。けれど、そもそも測定時にサンプル検査の問題があるのだから、「この食品は40ベクレル／kgの範囲内だ」という前提じたい、あやしくなってくるわけです。

「1キロあたり100ベクレル」の牛肉を1キロ買ってきて、200グラムずつに切りわけて食べる。ひとりあたり5分の1の20ベクレルだから、武田さんの「40ベクレル／kg」の範囲内だ……とはいかない。だれかが食べた200グラムが、さきほど指摘したような「アタリ肉」で、100ベクレルが集中して溜まっていたかもしれないからです。食べた部分が「セシウム集中部位」にあたるかどうかは、確率の問題かもしれないし、何らかの規則性があるのかもしれない。しかし、知らないうちに貧乏くじ、アタリ肉を引いてしまうことを考えれば、予想を超えた量のセシウムを摂取しつづけることになる。食品による内部被曝の度合いは、割り算・足し算だけですっきりと予測することはできないのです。

つまり、サンプル検査と単純な割り算・足し算にもとづいて、食品による内部被曝を完全にコントロールすることは、現段階では不可能だといえます。セシウムはそんなふうに、人間に都合のよいように均質には散らばってくれません。「キログラムあたり」

などといういいかたは、じつは非常に便宜的なものにすぎないのです。

逆に、この偏在性から考えれば、「1ベクレルでも余計に摂取しない」（結果として摂取してしまうかどうかは別にして）というゼロベクレル派の主張が、放射能に対峙するときのもっとももただしい態度だということになります。

――地表の汚染にかんしては、部分的ですが、「まだら度」の解明がすすんできています。たとえばアスファルトやコンクリートの平らな部分には溜まりにくいけれど、側溝や建物の雨どい、庭や公園の茂みはかなり溜まっているといったように、経験的ノウハウがいくつか蓄積されてきている。畑の場合、土のほかに天候の問題もあって、その複雑さをカバーするノウハウがまだみつかっていないわけですね。

体内での定着の仕方についても、ヨウ素は甲状腺に、セシウムは心筋をふくめた筋肉に、ストロンチウムは骨や骨髄に蓄積・沈着しやすいとか、臓器や骨に沈着してしまったら体内半減期など意味がなくなるとか、ユーリ・バンダジェフスキーらの研究成果などもあって、徐々にわかってきている。ただ、それも均質に溜まるわけではないから、どこの筋肉か、どこの骨か、かりに腕の骨だとして腕のどの部分にあつまりやすいのか、ということはまったく予測できていない。肉牛ひとつとっても、その研究はほとんど未踏の領域でしょう。昨年の夏以来、各地で牛の「暫定規制値超え」があきらかとなりましたが、なかには1頭の牛でも部位によってセシウムの量が異なるケースもあったようです。

体重７００キロにもなる、あの巨大な肉牛の体の全体に、うまいぐあいに霜降り状にセシウムが散らばってくれるわけがありませんからね。

シイタケにしても、セシウムが溜まりやすい食品であることはかなり周知されていると思いますが、笠と石突き、どちらに蓄積しやすいのかはわかっていない。たとえば、ある地域でとれたシイタケの笠だけを大量に集めて、ぐしゃぐしゃに混ぜて、一つひとつ測定して傾向を分析する、といったような偏在性にかんする研究が、これからは必要になってくるでしょう。生物濃縮の問題もありますから、食品についてはほんとうに息の長い運動と研究にならざるをえません。

3

「がれき民主主義」の勃興

「がれき広域処理」を阻止しなければならない

――この1年、矢部さんが定義するところの「レベル7」の状況をめぐって、デモ、計測、退避の運動がたちあがってきました。そして今年、2012年に入って、政府が「広域処理」を喧伝するのにともなって、各地でがれき受け入れに抵抗する運動が興ってきています。

運搬と処理の過程で汚染がさらに拡大することはあきらかなわけですから、ほんとうはがれきはその場に置いて管理する以外にない。しかし拒絶の理由はそれだけじゃない。絆とか支援とかいうのなら、高線量被曝地帯の人たちをまず避難させよう、がれきという「モノ」ではなく「人」を受け入れよう、というのが、各地共通の認識です。

憂慮すべき事態として、「震災がれき受け入れ」を表明する自治体が増えつつあります。政府は2012年3月以来、35道府県と10政令市にたいして、震災がれきの受け入れを本格要請してきました。

その環境省への回答しめきり日とされた2012年4月6日、各自治体の回答が集められ、公表されました。東京都など、すでにそれ以前に受け入れを表明していた自治体にくわえて、あらたに栃木県、愛知県、千葉市、新潟市が受け入れを表明し、計11都府県10政令市となりました（最新情報については各自治体のサイトのほか、「がれき受け入れ自治体一覧&マップ」などを参照）。

京都府をはじめ13道府県1市は、「安全性の確保」などを条件にあげつつも「前向きに検討」と回答。「検討不充分」として回答を保留した自治体もありますが、いまのところ明確に受け入れ拒否を表明しているのは、長野県、和歌山県、徳島県、香川県、宮崎県、札幌市、名古屋市、福岡市の5県3市です。

そうやって住民の反対の意思をきちんと受けとめている自治体もありますし、受け入れを表明しているからといって、その自治体の住民が放射能に不安を感じていないなどということはない。たとえば、受け入れに積極的な北海道のなかでも、札幌市の上田文雄市長ははっきりと拒否を宣言しましたし、「前向きに検討」と回答した京都府では、京都市内に説得演説におとずれた細野豪志環境相（内閣府特命担当大臣・原子力行政担当兼任）が、猛烈な「帰れ」コールに遭っています。

福島原発の放射能被害が「同心円状にひろがる」などといいはっていた蒙昧な政府のおしすすめる「震災がれき広域処理」の大義も、それを「復興」「がんばれニッポン」

「絆」の美名で喧伝するマスコミも、だれも信じていません。人間の生命を危うくしてまでも推進されようとしていることがあれば、その裏にはかならず利権があるというこ

とも、いまやだれもが知っています。

受け入れにもっとも積極的な東京都の石原慎太郎都知事は、かつてこういいました。「外国人だろうと、日本人だろうと、人が転んでけがをしていたら助ける。放射能はないと明かして運びこむがれきを、何が心配か知らないが反対する手合いは、私は日本人じゃないと思う」と。こんなことをわめく裏で、都と東電は結託してがれき利権でひともうけしようというのですから、欺瞞以外のなにものでもない。ただし、最後の言葉についてはまったくそのとおりだと思いますね。われわれはとうの昔に、「日本人」など辞めているのですから。

がれき処理にかんする環境省の基準はこうです。「放射性セシウム濃度が１キログラムあたり８０００ベクレル以下の焼却灰であれば通常の埋め立て処理が可能である」。１キロあたり７９９９ベクレルなら、埋めほうだいというわけです。

受け入れ拒否を表明した札幌の上田市長は会見で、「この数値は果たして安全性の確証が得られるのかというのが、多くの市民が抱いている素朴な疑問だ」とのべています。

しごくまっとうな意見です。「放射能はないと明かして運びこむ」という石原都知事の発言は、端的に嘘なのです。

私の住む愛知県も受け入れ表明自治体のひとつです。2012年3月19日に受け入れを表明して、4月に入ってすぐ、県知事が県内3か所での受け入れ計画を発表しました。

◎愛知県の大村秀章県知事は、環境省への回答しめきり前日の4月5日、トヨタ自動車田原工場、知多市の埋め立て地（名古屋港南5区）、中部電力碧南火力発電所敷地内の3か所に、がれきの仮置場・焼却施設・焼却灰の最終処分場を建設する方針をあきらかにした。受け入れるのは岩手県と宮城県の可燃物と木くずで、焼却前の重量で最大100万トン。そのための費用6億円は専決処分（地方自治体法で緊急の事業のために認められている）として2012年度予算に計上し、「がれきの安全な輸送方法の調査、焼却施設や最終処分場建設の環境影響評価、県独自の受け入れの安全基準づくりの費用」にもあてるとされている。この6億円は昨年度予算からの繰り越しを財源とし、最終的には国に全額補塡をもとめることになっている。

　地元に事前の説明がなかったため、受け入れ場所に指定された自治体を中心に混乱が生じ、トヨタの工場が立地する田原市の鈴木克幸市長は、「おおぜいの市民が不安を感じている。県側の早い説明がほしかった」と不満をのべた。

この3か所の候補地は、すべて海に接しています。このような湾岸部の土地でがれき受け入れをすれば、とうぜんながら大規模な海洋汚染がはじまります。私たちは3月下旬に、碧南火力発電所が受け入れ候補地としてあがるとすぐに、現地調査にむかいました。海底の泥の核種分析をするためです。自治体が住民の生命の安全を無視してがれき受け入れをすすめるつもりなら、今後の闘争のために、受け入れがはじまる前に測定をして、「不検出だった」という記録を残しておく必要があるからです。

「地域民主主義」の高揚、「食べて応援」の蒙昧

——注目すべきは、東日本と西日本の温度差が、がれき問題をきっかけに霧消し、「絆」キャンペーンの「成果」というべきか、西日本でも「放射能難民」の意識が高まっていることです。最南西の沖縄がいま、その先端になっている。沖縄は、劣化ウラン弾の問題などもありますけれども、距離的には福島から1800キロ離れていますから、原発事故直後は放射能被害にかんして相応の遠隔感があったと思います。しかし「がれき広域処理問題」を機に、内部被曝にくわしい琉球大学名誉教授の矢ヶ崎克馬さんたちを講演に呼んだりして、住民のあいだにがぜん放射能学習の火が燃えあがっている。

自治体の対応としては、徳島県の回答がベストアンサーだとする声が大きいと思います。徳島は原発立地に抵抗してきた歴史もある。

◎徳島県は4月6日の回答しめきりに際し、県内24市町村と広域連合などの4団体に意向を聞いた結果をもとに、「住民の放射能への不安や安全性についての問題から、県内にがれきの受け入れを前向きに検討する市町村はなかった」とする文書を環境省に送付。国に安全性にかんする説明責任を果たすよう要請した。

そして計測運動やがれき抵抗運動をつうじて、私たちは自治体・行政の意思決定プロセスをいやおうなく知ることになりました。ついでに汚職を発見したりもしながらね。自分や家族の住む界隈、校庭や公園、学校給食、がれきを受け入れた場合の拡散状況……生活のいくつもの場面について一つひとつ交渉するなかで、地方行政の具体的なプロセスがはっきりとみえてくるわけです。

これは、「がれき民主主義」、もっとひろげていえば「地域民主主義」の勃興といえる状況ではないか。すべての都道府県・市町村で均質に起きているわけではないけれども、確実に民主主義が顕在化している。そしてそれは、地方行政と同時に、国家の復興イデオロギーにも対峙するものになっている。

北九州市の小倉で細野環境相が演説している映像などをみると、若い人たちが入れかわりたちかわり、文句をいっている。そのなかのひとりの女性は、「私は生まれも育ちも北九州です。北九州はＰＣＢから何から、これまで汚いものの処理をぜんぶ引き受けてきた町です。このうえ放射能まで押しつけるんですか」と食いかかっていた。そんなふうに、これまで国や企業が何をやってきたかということも、今回のことでぜんぶ明るみに出てきている。民主主義というのは、こういうかたちで顕在化するのだな、と実感します。

◎北九州市では1968年、PCBの健康被害による「カネミ油症事件」が発生している。カネミ倉庫株式会社が製造していた食用油「カネミライスオイル」に、脱臭のために用いられていたPCB（ポリ塩化ビフェニル）が配管ミスで混入。これが加熱されてダイオキシンに変化していたにもかかわらず商品はそのまま出荷され、摂取した人々に皮膚異常、頭痛、手足のしびれ、肝機能障害などを引き起こした。妊娠中だった女性がカネミの油を摂取した後に出産し、皮膚の黒い新生児が生まれたケースもある。この「黒い赤ちゃん」は社会に衝撃を与え、事件の象徴となった。

そして、がれき問題の前哨戦として、食品の汚染の二次拡散の問題がありました。反原発を唱える左派の人々のあいだにすら、一部に「食べて応援しよう」「福島の農家をみすてるな」などという言説がはびこっていた。これは重大な誤りだと思います。

こういうことをいう人たちは、福島第一原発の事故評価がレベル7であるということを、完全に無視したわけです。チェルノブイリ級の放射能拡散が起きているのに、なぜあんなばかなことをいったのか。汚染された食品を流通させてしまったら、その先でかならず残飯と排泄物が出て、それが最終的に現地の海洋汚染につながるというあたりまえの理屈が、どうしてわからないのでしょうか。

東京の場合、地表にも東京湾にもかなりの量の放射性物質がフォールアウトしていますから、「食べて応援」をやってもせいぜい2割増しくらいだろう、という反論はあるかもしれません。しかしたとえば愛知県の場合、フォールアウトのレベルがかなり低かったのですから、流通による二次拡散こそが問題になってくるわけです。下水処理場はたいへんな汚染となるでしょうし、そこで処理しきれなかった放射性物質は伊勢湾や三河湾に流れ、それがメバルやスズキといった魚に濃縮するんです。

事故から1年たった現在、海洋汚染への意識が高まってきています。食品の二次拡散は、その摂取によって人間の被曝が拡大するだけでなく、海の汚染に確実につながり、汚染の循環・濃縮の連鎖を生んでしまいます。

学習・計測・がれき拒否の運動、そしてそこからたちあがる「がれき民主主義」ないし「地域民主主義」をつうじて問題化されてくるのは、国家の「絆」イデオロギーだけではないと思います。運動内部のイデオロギーもあぶりだされる。

たとえば小出裕章さんは、原子炉についてたくさんのことを教えてくれているけれど、彼は一方で、いまだにレベル7の事故が起きたことをほんとうには認識していません。レベル7の事態をどうサバイブしていくかということを、正面から、現実的な課題として考えていない。この点については、政府も小出裕章も同じ姿勢を共有しているのです。だから彼は、チェルノブイリのときと同様に、「汚染食品を食べよう」なんてことがいえてしまう。この事態を過小評価して、自分が安全圏にいると誤認しているからです。彼の「食べて応援」をまにうけて、汚染食材を食べるなどという考え方は、汚染を拡大させるだけであって、とうてい受け入れられるものではない。

とりわけ小出さんの場合、専門である原子炉の問題を超えて、影響力がとても大きいわけですから、レベル7について正面から認識して、「食べよう」などといわないでほしいと思います。

――これまでは、発言力のある一部の人だけが「食べていい」「食べちゃいけない」といっていたわけだけれど、ここまでみんなが自分で学習し、問題を掘りおこしてしまった以上、「たとえ1ベクレルでも余計に摂らないようにするのがとうぜん」と考えている人が圧倒的多数だと思いますよ。

それをエゴイズムという人もいるだろうけど、そんなことはない。避難者の受け入れなどもふくめて、「食べて」とか「がれき受け入れで」とかでない支援をしよう、といっているわけですからね。

なぜ「がれき広域処理」にそれほど躍起になるのか？

このような「がれき広域処理」の真の目的とは何でしょうか？　線量の「安全基準」はもとより、たとえば愛知県でいえば、6億円という莫大な規模の「調査費」の根拠もいかがわしい。愛知県はなぜこのような無理強いをするのでしょうか。

もちろん、ゼネコン、産廃業者、官僚などが、がれきの処理によって直接的にうるおうという利権の問題もあります。しかし、それだけではない。

その最大の目的のひとつは、低レベル放射性廃棄物のリサイクルを既成事実化することだろうと思います。今後、福島第一をはじめ全国の原子力関連施設では、膨大な放射性廃棄物が出ます。これを廃棄物として処分するのは相当にカネのかかる事業なわけですが、リサイクル品として流通させることができれば、バックエンド対策費がそれなりに圧縮できるということになる。鋼材などのクリアランス基準は現在100ベクレル／kgですが、将来この基準を緩和することができれば、もっともっと予算が圧縮できる。問題の中心は「震災がれき」ではなくて、その後に発生する一般の放射性廃棄物であり、

PHOTO BY TAKASHI MORIZUMI

バックエンド事業の問題なのだろうと思います。

◎東日本大震災で生じた東北3県のがれき推計量は、2012年2月時点で総計2490万トン。阪神・淡路大震災の1・7倍、全国の年間一般廃棄物総量の2分の1に相当するといわれている。政府はこれを「3年で処理完了する」とし、総量のうち400万トンを「広域処理」の対象にしている。かりに愛知県が100万トンの受け入れを遂行すれば、その4分の1を引き受けることになる。総推計量の約6分の1を被災地以外の自治体が引き受けること、うち4分の1を愛知県が引き受けること、いずれにも何らの根拠もない。

細野環境相は、たとえば4万トンの処理能力しかもたない北九州市にも「説得演説」におとずれ、新しい施設・設備をつくると明言している。しかし、博報堂に大枚9億円を投じて、福島以外の地方で展開されているこうした「がれき広域処理キャンペーン」は、各地で激しい拒絶に遭っている。

現在、がれき広域処理に動いている日本原子力研究開発機構（独立行政法人）がこれまで何をやってきたかといえば、日本で唯一のウラン産出地である人形峠に研究所（人形峠科学技術センター）をつくり、そこでウラン濃縮技術の研究をしていた。そして、ウランの探鉱で出た岩石や土砂をつかってレンガを製造し、流通させようとした。

さすがに一般の市場では受け入れられなかったので、議員会館とか原子力ＰＲ施設など、公的機関の建設用に頒布していたんです。それがこんどは、ウラン残土とはケタのちがう汚染度・量の廃棄物を、全国に拡散しようとしている。

がれきのリサイクルにかんしてはいま、大手では太平洋セメントと新日鐵が利権を取得しようとしています。かれらにしてみれば、放射性廃棄物がゴミになるのか、リサイクル資源となるかで、利益がまったくちがってくるわけです。

電力会社にしても、福島第一原発由来のゴミがリサイクル資源として売れるとなったら、処理に要する莫大な費用を圧縮できてしまう。がれき受け入れがこれだけ騒がれているのも、最終的にはその処分の一般的フレームをつくることによって、原子力産業のバックエンド対策費用に一定のめどをつけたいためでしょう。東電は、銀行にも株主にも、今回の事故のバックエンド対策の総コストがいったいいくらになるのか、まだまったく示せていませんから。

つまり、がれき拒否運動は、個別の自治体とのせめぎあいだけでなく、原子力産業全体との闘いともなっていくわけです。

――いま各地でみんなしゃかりきになって受け入れに反対しているのは、全員がそこまで見越しているわけではないかもしれませんが、直感的にはその理屈をすでにとらえているでしょうね。「絆」でひとたび受け入れたら最後、「絆」でないものまで受け入れることになる、最終的に放射性廃棄物処理場になってしまう、と。

「受け入れ拒否運動」の多元化と世界化

――これまで、多少の誤解もふくめて、直接行動というと多くの人にとってあまり縁がないと思われていたフシもあるけど、しかし「がれき民主主義」の勃興をまのあたりにしていると、民衆が直接行動に向かっているのがみてとれます。

とくに、地方の運動、直接行動が多元化しているのが非常によろこばしいですね。これまで地方の運動というのは、さまざまな課題がひとつの運動体（たとえばべ平連など）に集約化、一本化される状況が長くつづいてきました。

しかし、震災・放射能難民が各地に拡散することで、それが変化してきています。ただただ給食が気になってしかたがない主婦たちが、各地でグループをつくって、てんでに陳情とか申し入れをする。運動が多元的、同時多発的になる。意見交換会でもやって陳情を集約しようかという話が出ても、「いや、べつにバラバラでいいんじゃないですか」という感じで、ぜんぜん一本化されないんですね。

――デモなどでも、警察も困るような事態が出現していますね。みんなてんでにデモをやるわ、陳情を出すわ、給食センターに電話するわ、長大なレポートを役所にファクスで流すわで、たいへんなことになっている。

ただ、こういう直接行動というのは、本質的に議会政治とは別の論理で動いている。だから、この多元的・同時多発的な状況が、政治とか中央議会にただちにダイレクトに影響を与えるかというと、それはそう簡単にはいかないと思います。最終的に影響がおよぶとしても、もっと複雑な過程をたどるでしょう。それでも、「やっている」という実感とか、「やって阻止した」「いざとなったら何でもできる」という自信を得ることが大きいと思います。

しかし、相手も全体重をかけて、あの手この手でやってくるはずです。カネと権力と人材には事欠かないですから。そして、それがことごとく失敗する予感がします。愛知の大村知事は、「絆でがれき受け入れ」をやることで、ある部分の浮動票を獲得できると読んだのでしょうが、このもくろみはたぶん裏目に出ますよ。

――「絆」キャンペーンなんて、じっさいのところ、信じてるのはマスコミだけでしょう。本気で支持している人だって、いるにはいるだろうけれど。

昨年、日本の核廃棄物をモンゴルにもちこむという話が明るみに出て、モンゴルでも反核デモが起きたんです。「このままでは世界のゴミ捨て場になってしまう」というので、ウランバートルのだだっぴろい場所に集まって、放射能マークのついた黄色い服を着て、アノニマスの面をつけて。モンゴルの場合、原発の建設計画すらないのに、高レベル廃棄物だけがもちこまれるわけですから、ふざけるなという話でしょう。

◎2011年7月、モンゴル国内に日本の核廃棄物処分場を建設する構想をめぐり、日本がモンゴル政府から受け入れを断られていたことがあきらかになった（7月27日の衆院外務委員会で、松本剛明外相〔当時〕が社民党の服部良一議員の質問に答えた）。構想はその時点で頓挫。

事故とその処理によって生じた放射性廃棄物は、いずれかならずどこかにもっていって処理・埋設しなければならない。そうなると、受け入れ拒否、さらには反核運動も、世界的にひろがっていくことになるのではないかと思います。

今回はじめて知ったのですが、たとえばメキシコなどでも、70年代にすでに、女性を中心とした反核運動がありました。現時点からふりかえってのことだけれど、私たちが知らなかっただけで、反核運動の世界的なひろがりはすでにあったし、原発や内部被曝にかんしても、いずれはこうなるというような予測もあったのではないか。そんなふうにも思います。

4

民衆による「新しい科学」

反核は楽しい

——多くの人たちが、3・11(矢部さんにしたがえば3・12)を境に、それ以前にはほとんど知らなかったことを、1週間とか1か月のあいだにものすごい勢いで勉強した。

そしていま、こうした「放射能学習」が全国的にひろがっていっているわけですが、非常に印象的なのは、みんなとにかく楽しそうだということです。アナキストで詩人の向井孝が、かつて「反原発運動は楽しい」という文章を書いていた。そのなかで、「知った知識をすぐ人に教えたくなる」といっていたんです。まさにそのとおりで、事態はものすごく深刻なのだけど、みんな嬉々として勉強しているし、知ったことを伝えあうことによろこびを感じている。

ネットで調べものなんかしていると、じつにいろいろなキャラが出てくるんですね。「変な人」がたくさんいる。それも楽しい。

推進派の出自はごくかぎられていて、東大、東工大の教員をはじめとする御用学者だということはもうみんなわかっている。反対派は、矢ヶ崎さんなど学者もいるけれど、かなりの部分が素人から構成されている。木下黄太さんなんかも、被曝を案じる人たちから絶大な支持をえていますが、完全に素人ですよね。素人がものすごいコアな話をしていて、しかも非常に的確にポイントを押さえて、だれにでもわかるように書いてくれている。

――シーベルトとベクレルの換算数式などをていねいに解説してくれている人もいます。そういうものにたいして、「ド素人が付け焼き刃で適当なことをいうな」みたいな批判を書きこむ輩がいるけれど、それについての反論もすごく冷静で論理的です。「この式のどこがおかしいのか、説明してみてください。できないなら黙っててください」とかね。とにかく、楽しそうであるうえに、完全に数式と論理の世界です。

バイオポリティクスの迫力ですね。生半可じゃないですよ。生命かかってますから。専門家や国がいいたてるシーベルトという単位のおおざっぱさ、いいかげんさに、みんな心底、不信をいだいている。だからめいめい勝手に勉強して、ベクレルでやりましょう、ということになる。99・9パーセントの人が「ド素人」であって、この1年でにわか勉強して、不安をいだいて知りたがっているほかの人たちのために知識をどんどん公開している。そのテンションはものすごいです。

放射能の複雑系と「新しい科学」

——そして民衆は科学だけでなく、歴史も学ばざるをえなかった。ＩＣＲＰ（国際放射線防護委員会）、ＡＢＣＣ（原爆傷害調査委員会）、「Atoms for Peace」なんて、いまや常識でしょう。いってみれば、みんな数週間で冷戦史を把握してしまった。

　私は１９５０年代のサークル運動に関心があって、長いこと調べつづけてきました。当時、４～５人ていどの小規模なグループから、かなり大人数のグループまで、日本には1万ものサークルがあったんです。活動の内容は文学、演劇、歌などさまざまですが、もっとも多かったのは詩のサークルです。うまいとかへたじゃなく、とにかく詩を書く（詳細は『戦後民衆精神史』青土社、２００７年を参照）。

　これとひきあわせて考えると、50年代には民衆がみんな詩人になったけれど、２０１１年にはみんな科学者になり、同時に歴史家になったと思うんです。

　そこでたちあがってきているのは、歴史学もふくめて、これまでの科学とは異なる、民衆による「新しい科学」なのだと思います。

　すでにお話ししたように、計測運動は未踏の領域にさしかかっていて、その根源には、自然の複雑さという問題があります。複雑系の研究者は、フクシマをふまえて、この問題にあらためてとりくんでほしい。

しかし、レベル7のもとで、はじめてこのように苛烈なかたちで放射能と対峙するわれわれの側にも、まだどこか線形モデルをひきずっているところがあります。汚染の複雑さに対応しきれていなくて、どうしてもかけ算、割り算、足し算をしてしまう。計測運動の人々のあいだでも、「四則演算じゃ無理だよね」という話をすれば、「そうだよね」と、みんなわかっているのだけど、ついクセでやってしまう。私はそれを「古い科学」と呼んでいます。「古い科学」では、フクシマ後の世界には追いつかないんです。

複雑系は、これまで、一部の学者がとりくむ科学の最先端のテーマでした。しかしそれがいまや、みんなの問題になっているんです。

——よもや、複雑系が生き死にの問題にかかわってくることになるとは、だれも想像していなかったですよね。

たとえば、気象学がカオスをあつかう複雑系の学問であるとか、そこから敷衍して「天気予報は100パーセント的中することはない」とみなす認識は、かなりひろまっていたように思います。あるいは、フラクタルをはじめ複雑系の概念は、「自然の美や神秘」にかかわるものでした。そのような認識が、原発事故を境に劇的に変わった。放射性核種という人工物を媒介に、複雑系が生き死にの問題に直結することになったわけですね。

複雑系が、自然の美しさや神秘をめでるための概念ではなく、まさしく生命を賭けた問題になったのです。

でも、一方では、「放射能の複雑系」とむきあうことのおもしろさというものもあります。それは、従来のマニアックな学問としての複雑系が喚起したようなおもしろさとはちがった興奮です。複雑系は、ゼロベクレル派として生きるうえでもはや死活的なテーマとなっている。しかし同時に、「放射能の複雑系」にたいして、民衆科学の野生的で凶暴な探究心が生起している。

『3・12の思想』で、計測運動のなかにあらわれてきているそうした探究のありようを、「魔術の唯物論」と書きました。人類にとって未知のものである放射性物質と、その複雑な汚染状況に対峙するとき、既存の科学や医学はあまり役にたたない。何もかも手さぐりのなかで、ときには非正統的で魔術的なやりかたも実験していかなければならない。

近代西洋医学の黎明期には、魔女と呼ばれた人々がおこなっていたさまざまな民間療法が、正統医学を確立するうえでじゃまでした。というより、正統医学を確立するために、魔女の魔術的医術を「非正統」として排斥していったわけです。しかし、民間療法には民間療法の理があり、一定の効きめがあったからこそ連綿とつづけられていたともいえる。「3・12」以後、こうした科学の魔術性、魔女性といったものが、あきらかに復権してきていると思います。

測定のときにも、一本のニンジンを前に、わくわくするような探究心が湧きおこってくる。日本の野菜はほとんど工業製品のようにつくられていますから、みかけは整然としてきれいにみえます。でも、じつはこのきれいなニンジンのなかに、セシウムの沈着の非常に複雑な濃淡があるかもしれない。それをとらえるには何をみるべきか。そう考えるだけで興奮してきます。

「古い科学」は、こうした複雑さをかなりそぎ落としたところで成立してきた。そのそぎ落とした部分がいま、還ってきているように感じます。

――「原子力都市」ならぬ、「原子力自然」がたちあがってきているということでしょうか。

そうした「原子力自然」との対峙をふまえて、「フクシマは現代の科学文明に総括を迫っている」というふうに問題を立てることもできるでしょう。でも私は科学が好きなので、「総括」といういいかたによって、科学を投げだしたり、排除しようとは思いません。むしろ、フクシマによって、私たちの科学観があぶりだされているのだと考えています。

――つまり、フクシマ後の「科学の問いなおし」において、注目すべき点がふたつある。まず、民衆が科学を放棄しないということ。原子力を終わらせるために科学を排除するのではなく、むしろ逆に、みんな徹底して科学的になろうとしている。そしてもうひとつが、われわれが「古い科学」から「新しい科学」に突入しようとしていることですね。

放射能汚染に直面した民衆が、みずから「新しい科学」をたちあげ、その科学的探究心があふれるように、つぎからつぎへと湧きだしている。みんな「古い科学」にあきたらず、自分で勉強して、計測の実践をつうじて複雑さに対峙しようとしています。これまで科学の対象だった民衆が、科学の主体となったのです。

「生活」を重視する「民衆科学者」のひとりで、食品のセシウムを測って公開しているちだいエクスプレスさんは、原子力ムラと御用学者たちがくりだす「安全理論」を無批判に信じる態度に警鐘を鳴らし、つぎのようにのべています。「セシウムをどれくらい食べたらアウトか。それは、これから日本人がたくさん死ぬことで証明されていく科学なのです」（ブログ「チダイズム　毎日セシウムを検査するブログ」２０１２年4月7日）。

ちだいさんがアイロニカルに表現しているように、これが「古い科学」の本質だと思います。福島の人々の健康被害を減らすよりも、「被曝データ」を集めることに専心している山下俊一を例にあげるまでもなく、「古い科学」の多くはつねにこのように、民衆を科学の対象としてのみ扱ってきました。その姿勢そのものが、民衆の主観と主体の叛乱によって「否」をつきつけられているのです。

しかも民衆科学は、歴史と断絶していない。人々は歴史のなかにさまざまなしるし、飛躍、挑戦を読みとり、昔の人の思想や運動のふるまいをていねいになぞりながら、自分たちの科学をつくろうとしている。

つまり現在の状況は、科学そのものが批判されているのではまったくない。これまでの「古い科学」の不充分さこそが、問われているのだと思います。

――「古い科学」のなかにも、自然の複雑さに応える内容はあったのだと思います。ただ、科学者たちもこのような事態を想定してやっていたわけではありませんから、その提示のしかたが不充分だったということではないでしょうか。現実に即応したかたちで、提示のしかたを変える必要がある。一方でカオス理論などは、すでに現実にコンピュータ技術などに応用されていましたよね。

現在の状況下では、「提示のしかた」こそが重大な問題となりますね。

たとえば、複雑系の研究者こそが、「サンプル検査は不充分だ」といわなければなりません。くりかえしますが、レベル7状況下のわれわれは、複雑に偏在している核種を対象としているのだから、サンプル検査や単純な四則演算による推測では対応できない。それなのに、そういう雑な数値を判断材料にして、退避しなくてよいとか、食べてもだいじょうぶなどと断言することがまかりとおっている。このような状況にたいして、「複雑さ」を探究してきた研究者も発言をしていくべきでしょう。

いまわれわれが直面している問題は、高度に数学的になっています。物理学的かつ数学的な問題にぶつかっているわけです。「ある核種がどういう性質をもっているか」ということだけでなく、「空間に拡散した不規則な点を、どのように把握し、計量するのか」をみきわめる必要が生じている。

これは、まるでサイバネティクスの原初的な問題群を考えるようなものです。そこで、ロバート・ウィナーというサイバネティクスの提唱者が書いた古い本を、ひっぱりだして読みなおしています。もう半世紀以上前の人ですが、微分も積分も理解できなくて落第した私のような人間が、レベル7における放射能との闘いのなかで、ウィナーをあらためて読んでみようということになる。なんだか自分でも、どうかしてるんじゃないかと思うこともあります。

レベル7下の「新しいサイボーグ」

そして、何より重要なのは、不規則に偏在する複雑な対象をとらえようとするときに、そうした実践がはらむ社会的・政治的な変化のきざしをみることです。

大量の放射性物質が拡散し、予測しがたい仕方で地表に偏在している。しかもそれらはつねに動いている。このような複雑な対象に向かうとき、私たちはどんな装備をもっているでしょうか。空間線量計とスマートフォンです。

このふたつの先端機器は、もう珍しいものではなくなっていて、放射線防護にとりくむ主婦たちがふつうに携帯するものになりました。彼女たちの茶話会に参加すると、帰りぎわにみんなそれぞれじぶんの線量計をとりだして、一か所に並べてスイッチを入れます。簡易的な校正作業をして、自分の線量計が故障していないかどうか調べるんです。これが計測運動の日常風景です。そして彼女たちのスマホには、各地の計測者たちが協力しあってつくっている線量地図や、食品工場やゴミ焼却場の所在地情報がブックマークされている。

いま、レベル7における放射性物質の大規模拡散を前にして、線量計と人間とスマートフォン（インターネット）のハイブリッドが生まれているのです。線量計とインターネットを装備した主婦という、新しいサイバー・オーグ（サイボーグ）です。アメリカのフェミニズム理論家であるダナ・ハラウェイは、1985年にすでに「サイボーグ宣言」という論文を発表していますが（『猿と女とサイボーグ』高橋さきの訳、青土社、『サイボーグ・フェミニズム』巽孝之編、巽・小谷真理訳、水声社、など参照)、そこで描かれていたサイボーグのイメージが、いま現実のものになっているんです。

放射性物質の拡散という状況は、「新しい科学」だけでなく、「新しいサイボーグ」を要請したということです。それはけっして美しいものではありません。福島県の中通りでは、こどもたちが累積線量を測るガラスバッジを装着して生活させられている。そういうグロテスクなサイボーグでもある。

しかし、そのようなグロテスクな支配に対抗しようとするときに、われわれ生活者の側でも「新しいサイボーグ」が生みだされている。かつてあった「無垢な母親」という、母性主義イデオロギーにもとづくモデルは霧消しつつある。母親たちは、テレビと哺乳瓶と編み物だけで生活するわけにはいかなくなってしまった。レベル7をサバイブするために、右手に線量計を溶接し、左手をインターネット・リテラシーに接続して、サイボーグとして生きなくてはならなくなったのです。

放射線防護というのは、ある意味で戦争なのです。だから人々は、インターネットをはじめ、もともと軍事技術として開発されたサイバーテクノロジーを、徹底的に身につけざるをえなかった。それはフクシマ後に生まれた新しい生活者のモデルであり、新しい

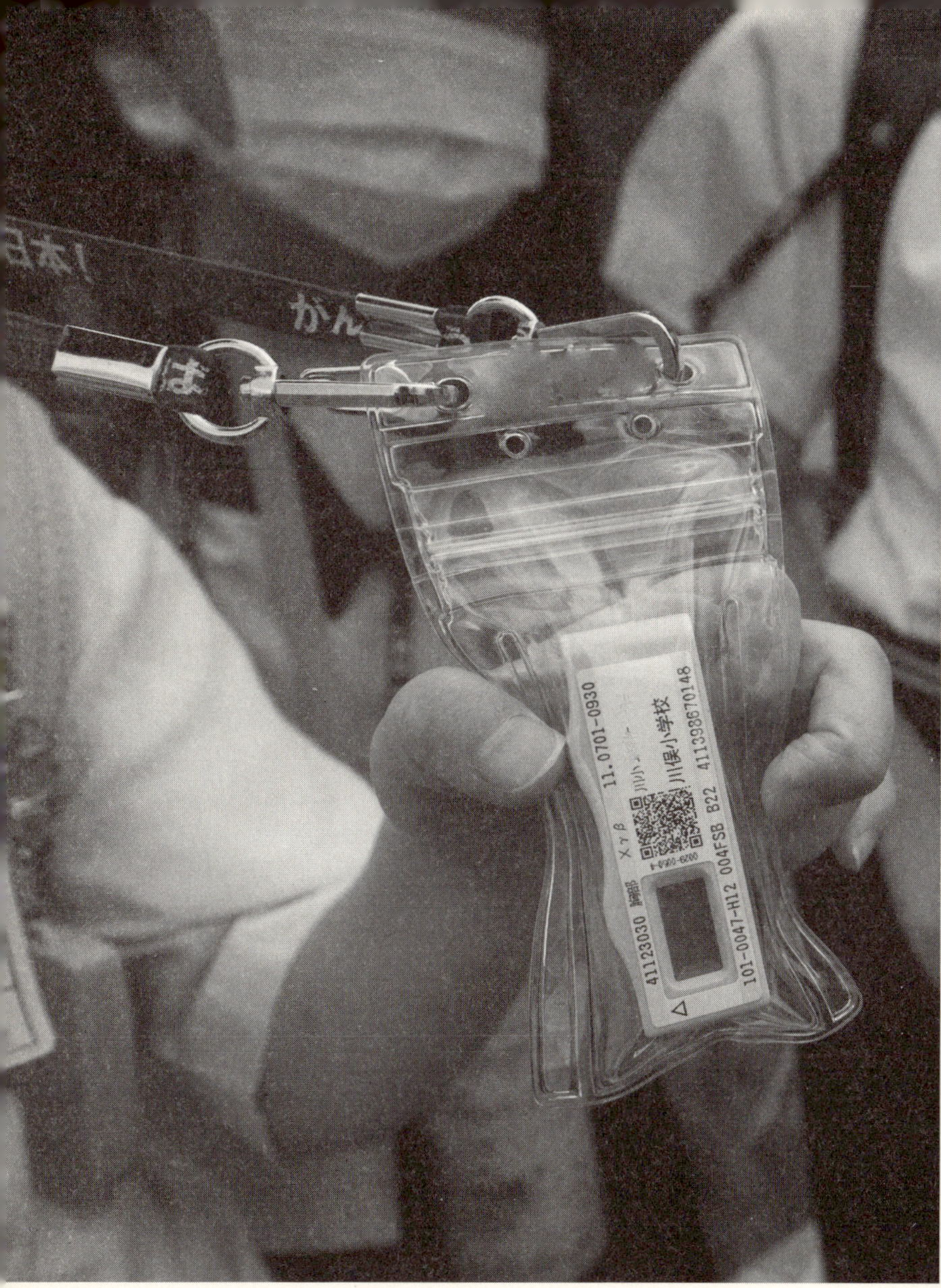

PHOTO BY TAKASHI MORIZUMI

い科学者のモデルでもあるのです。
この「新しいサイボーグ」の登場は、重大な社会的変化をもたらすでしょう。「線量計とインターネットと主婦」のハイブリッドは、このあとでお話しすることになるテイラー主義、あるいはフォーディズムが前提していた人間観にたいする挑戦です。そこで発見されているのは、技術と人間を分離することなどけっしてできないし、透明で無垢な人間など存在しないということです。

放射能汚染の計測と評価をめぐって問題の焦点となるのは、たんなる数値だけではない。数値の解釈、解釈のコード、それをコード化しているのはだれかということが、すべて問われていく。

レベル7を生きぬくうえで、私たちは数値情報をやりとりするだけでなく、それをだれが、どのように解釈しているか、その解釈はどのようなコードにもとづいているのかをつねに評価しています。評価する者を評価する、評価のコードを評価する、ということをやっている。だから、ある数値を妥当とするかどうかを検討するとき、まず端的にそれを提示した学者の素性が洗いだされ、その社会的位置が解釈のコードの一部として評価されるわけです。「御用学者」というのも、こうした解釈と評価のなかで生まれて

郵便はがき

料金受取人払郵便

新宿北支店承認

5138

差出有効期限
平成25年2月
19日まで

有効期限が
切れましたら
切手をはって
お出し下さい

169-8790

260

東京都新宿区西早稲田
3—16—28

株式会社 **新評論**
SBC（新評論ブッククラブ）事業部 行

お名前	SBC会員番号 L　　　番	年齢
ご住所（〒　　　　） TEL		
ご職業（または学校・学年、できるだけくわしくお書き下さい） E-mail		

本書をお買い求めの書店名
市区
郡町　　　　書店

■新刊案内のご希望　□ある　□ない

■図書目録のご希望　□ある　□ない

SBC（新評論ブッククラブ）**入会申込書**
※に✓印をお付け下さい。

SBCに **入会する** □

SBC（新評論ブッククラブ）**のご案内**

◆当クラブ（1999年発足）は入会金・年会費なしで、会員の方々に小社の出版活動内容をご紹介する小冊子を定期的にご送付致しております。**入会登録後**、小社商品に添付したこの**読者アンケートハガキ**を累計5枚お送り頂くごとに、全商品の中からご希望の本を1冊無料進呈する特典もございます。ご入会は、左記にてお申込下さい。

読者アンケートハガキ

●このたびは新評論の出版物をお買上げ頂き、ありがとうございました。今後の編集の参考にするために、以下の設問にお答えいただければ幸いです。ご協力を宜しくお願い致します。

本のタイトル

●この本を何でお知りになりましたか

1.新聞の広告で・新聞名（　　　　　　　）2.雑誌の広告で・雑誌名（　　　　　　　）3.書店で実物を見て 4.人（　　　　　　　）にすすめられて 5.雑誌、新聞の紹介記事で（その雑誌、新聞名　　　　　　　）6.単行本の折込みチラシ（近刊案内『新評論』で）7.その他（　　　　　　　）

●お買い求めの動機をお聞かせ下さい

1.著者に関心がある 2.作品のジャンルに興味がある 3.装丁が良かったので 4.タイトルが良かったので 5.その他（　　　　　　　）

●この本をお読みになったご意見・ご感想、小社の出版物に対するご意見があればお聞かせ下さい（小社、PR誌「新評論」に掲載させて頂く場合もございます。予めご了承下さい）

●書店にはひと月にどのくらい行かれますか

（　　　）回くらい　　書店名（　　　　　　　）

●購入申込書（小社刊行物のご注文にご利用下さい。その際書店名を必ずご記入下さい）

書名　　　　冊　書名　　　　冊

●ご指定の書店名

書店名　　　　都道府県　　　　市区郡町

きた呼称ですよね。

このような分析は、ある意味では常識の範疇です。ここまではいい。問題はそのあとです。

さらにふみこむと、自然科学の領域で行使されている解釈のコードがあること、そのコードの選択と行使が人間を生みだしているという問題につきあたらざるをえない。人間がコードを行使しているのではなくて、人間はコードの産物であり、それじしんコードであるという話です。「主婦サイボーグ」がひとつのコードの産物であるように、役人も大学教授も保健所職員も、何らかのコードの産物なのだということが発見される。

これは非常に刺激的な事態です。人間の性別とか属性といったものが、どのように生成していくのか、そのメカニズムが意識されるようになる。そこでは、従来の本質主義的な人間観は粉砕されてしまうでしょう。

「古い科学」のクセ

――一方で、空間線量にかんしては、偏在性・複雑性についての認識がかなり高まっていますね。東京都による計測も、最初は一か所（新宿区百人町の、地上18メートルのビル屋上）だけでごまかしていましたが、それじゃだめだとつきあげられて、モニタリングポストを増やしました。小学校の校庭の真ん中だけ測ってごまかそうとすれば、やっぱりそれじゃだめだと抗議が出る。

一か所だけとか、高層ビルの屋上や土地の真ん中など、核種が溜まりにくい場所だけ測ってお茶を濁すというのは、もう通用しなくなっている。福島県の飯舘村でも、除染事業者が計測の前にあらかじめモニタリングポストの周辺だけを除染しているのを住民に目撃され、インチキが明るみに出るという事件がありました（日刊ゲンダイ、２０１２年2月24日付）。

しかし、食品や土についてはこれからですね。一般の人には高価な計測機器が入手しづらいので、みんなが汚染の複雑さに実地に直面していないということもあるけれど、認識の面でもそこまで共有できていないかもしれません。複雑系まであと一歩というところでしょうか。

ところで、カオス理論にしても複雑系にしても、最終的には、無秩序のなかに秩序をみいださなければ、科学とはいえません。ただ「わけがわかりません、めちゃくちゃです」というのでは、カオス「理論」ではないわけです。

計測運動でいえば、「新しい科学」の秩序を「古い科学」が壊してしまうことがあります。「古い科学」のクセとして、複雑性や偏在性に直面すると、平均化を試みることがあげられます。高いポイントと低いポイントの数値を足して2で割って、平均値を出したがる。これは一見もっともらしいけれど、じつは複雑さをとらえるうえでは、意味がないのを通りこして有害です。たとえば、校庭をていねいに測って、グラウンドの中央と砂場はほとんど検出されなかったけれど、水飲み場の周囲は線量が高かったとする。そこで、除染ができるまでは水飲み場付近を立ち入り禁止にしておこうという話になる。ところが、「古い科学」でやると、高・低の数値から平均値みたいなものを出して、「この校庭はだいたい安全です」ということになってしまう。せっかく生まれかけていた秩序をだいなしにして、わけのわからない無秩序にひきもどしてしまうのです。

「新しい科学」が、「古い科学」とは別の秩序をどのように発見するのか、その秩序はどんなものなのか。いま、科学の概念そのものが大きく転換しようとしているなかで、それを明確に予測するのは困難です。しかし、たしかなことは、新しい秩序によって実践も大きく変わるだろうということです。

5

「古い科学」にツケを払わせる――テイラー主義の無能

テイラー主義の終焉

私は、フクシマの、さらにいえば現在の世界の問題の底部には、「古い科学」の弊害があらわれていると考えています。だから「新しい科学」を育てるのと同時に、「古い科学」を総括しておかなければなりません。この総括は、いわゆる自然科学だけでなく、「科学」と名のつくあらゆる学問領域におよびます。

たとえばさきにふれた「がまん量」の背景には、経済学が多用する「トレードオフ」の考え方があります。メリットとデメリットをはかりにかけて、一方を追求すれば他方は犠牲にせざるをえないとする考え方です。いったいなぜ、人間の生命や生存を脅かす放射能にかんして、「犠牲はやむをえない」などという方針がまかりとおってきたのでしょうか。

さらに問いを敷衍して、膨大な数の人間の被曝によってなりたつ原子力産業の非人間性と非合理性が、どこからきたのかと問うてみることもできます。このことを歴史的に総括するために、まずはテイラー主義にさかのぼって考えてみたいと思います。テイ

"ZERO-BECQUERELISM"

ラー主義は、「マネジメント」の観点によって科学を矮小化し、「古い科学」のもっとも悪質で害のある部分をつくりだしているのです。

◎テイラー主義　アメリカの技術者フレデリック・テイラー（1856‐1915）が20世紀初頭に提唱し、のちに弟子たちによって拡充された「労働者の科学的管理法」を「テイラー・システム」と呼ぶ。このテイラー・システムによって、生産効率が向上し、経営側の労務コスト削減と労働者の賃金アップを同時に実現することができるとする考え方を「テイラー主義」という。現代の経営学、経営管理論、生産管理論の基礎のひとつをなしている。

テイラー・システムでは、まず作業工程がいちど徹底的に分解されます。職人や労働者の作業を要素ごとに切りわけ、それぞれを計量化して、要素ごとにどれくらいの時間が必要かなどを算出します。そのうえで、必要な要素を組みあわせ、「足し算」で労働を編成します。こうして1日のノルマ、使用する工具や作業手順など、労働にかかわるすべての条件を「標準化」していくことで、生産効率を上げようというものです。

つまり、作業の要素を分解して、もういちど足しあわせる。人体の部品を組みあわせた怪物、「フランケンシュタインの怪物」みたいなものです。これは、もっぱら経営側の「管理」だけを重視した方法です。そこでは、ひとりの労働者の労働の全体はみえなくなり、複雑さがぬけおちてしまいます。しかし、経営側には最良のマネジメント方法と受けとめられ、世界中にひろがりました。いまも、経営と生産管理の基礎のひとつとみなされています。

ただ、現実には、経営側が「これが労働を科学的に管理する最良の方法だ」といいはっているだけで、現場では複雑さがきちんと認識されていました。あたりまえです。ものをつくるときに、複雑な作業の全体と連続性を無視するなんてことは、現場ではありえないからです。でも、そのような労働の熟練は、おもてむきは存在しないものとされて、労働者は単純労働だけをおこなえばよいと管理側は主張してきた。

――まさしくチャップリンの『モダン・タイムズ』の世界ですね。フォーディズムもテイラー・システムのバリエーションだったといえるのかもしれません。やがてそれが「進化」をとげ、ポストフォーディズムの時代を迎える。そして「かんばん方式」などに代表されるトヨティズムが世界を席巻していきます。

いま最新の「かんばん方式」をやっている典型のひとつが、アップルです。雇用から在庫、ロジスティクス、労働者の動作まで、あらゆる「ムダ」をなくす方法ですね。「オキュパイ・ウォールストリート」では、金融資本の強欲さがクローズアップされましたが、最近は「アップルの強欲」もやり玉にあがっています。

中国の労働者を食いものにして、世界的に販路をひろげ、収益を上げているわけですから。
「アップル的かんばん方式」は、テイラー・システムからストレートに生じたものではないと思います。テイラー・システムの根幹をなす労働と労働者の量的管理じたいは、ずっとつづいてきました。先進国では70年代に流行し、「世界の工場」中国ではまさに現在おこなわれている。その過程で、管理側も状況に応じてあるていどパラダイムを変えてきている。トヨタにしろアップルにしろ、その頂点にいる企業の「かんばん方式」は、生産から流通までのシステム全体を計量化するものです。

つまり、逆にいえば、テイラー・システムの延長線上でそこまでできるということだと思います。

原子力技術も、基本的には同じ延長線上にあります。そして、「古い科学」による技術の極点としての原子力が、皮肉にもいま、「古い科学」にピリオドを打とうとしているのです。

究極の労働管理

——アップルの強欲が明るみに出たのは、ひとつには中国の労働者が叛乱を起こしたからです。

広東省に展開する携帯電話機メーカー富士康（フォックスコン）をはじめ、ｉｐｈｏｎｅの部品などをつくっている中国各地の輸出型工場で、２０１０年ごろから若い従業員の自殺があいついだ。労働条件のあまりのひどさに、中国の労働者たちはストライキに打って出るようになり、アップルの行状がまたたくまに世界中に知れわたりました。

２０１０年から11年にかけて、いくつかの出来事が同時に隆起してきた。フクシマと「アラブの春」の裏側で、「世界の工場」で究極のテイラー・システムを敷いていたアップルの強欲があきらかになったことは、何かの符合なのかもしれません。ただ、アップルがやり玉にあげられているのは、「出る杭は打たれる」というだけのことで、どこの多国籍企業でも似たようなことをやっているでしょうが。

これは福祉・医療系の教員から聞いた話なんですが、トヨタの労働者が、いわゆるＱＣサークル的な活動のせいで鬱病になるケースが増えていて、問題になっているようです。まるで廃人みたいに、つかいものにならなくなって入院してくる人がいる。労働者とか職人というのは、いつも自分に可能な仕事の量やペースを正確につかんでいます。だから日々、主体的に工夫して「改善」をやっているんです。ところが、トヨタ的なＱＣ活動とカイゼンは、それを労働強化、組織強化にしか向けさせない。いくら工夫しても仕事が楽にならない。これじゃ人間のほうがパンクしてしまうという話です。

◎**QCサークル**（Quality Control Circle）　職場内で自主的に品質管理活動をおこなう小グループのこと。「全社的品質管理活動の一環として、自己啓発、相互啓発をおこない、全員参加で継続的に職場の管理と改善に務めること」をめざす。

――労働搾取というのは、つまるところ、いかに「上から」主体を発揮させるかです。トヨタのQCサークルの例は、端的にその帰結といえます。

職人仕事とか熟練というものには、主体的に仕事を組みたてることと同時に、たくみな「手ぬき」をすることもふくまれています。職人としてゆずれないところは厳密にやる。でもずっとそれではもたないから、わりと簡単な工程なら手ばやくすませて、さてちょっと一服してくるか、という具合です。

このあんばいが、いわば職人の複雑系です。トヨティズムや「かんばん方式」は、仕事を分解して管理することによってこの手ぬきの部分をなくそうとする。ほんとうは工程の全体をみわたして、適度に手をぬいたり、煙草を吸ったりすることもふくめて、労働者のオートノミー（自律）なのです。手ぬきやあんばいの部分をそぎ落としてしまったら、労働の連続性や全体性が壊れてしまいます。

結局、ネオリベラルとかポストフォーディズムなどといっても、「古い科学」の延長で、線形モデルにもとづいた管理にすぎません。企業目線にたってさえ、そのような生産管理からいいものが生みだされることはない。テイラー・システムが普及する以前の熟練労働や職人仕事のほうが、ずっと複雑で繊細な仕事をやっていたのです。

――労働とは、ほんらいそういうものだともいえるのではないでしょうか。熟練や職人仕事に上から「古い科学」の網をかぶせることで、「労働」がなりたつというか。それは浅知恵というもので、人間のほうが先に身体的な叛乱を起こしてしまう。ストだったり、鬱病になることだったり、サボったりと、形態はいろいろですが。

そうやって、「マネジメント」という名の科学」が、仕事の複雑性やカオス性、労働者のオートノミーを縮減する方向でおしすすめられてきた。でも、叛乱は持続的に起きていた。

頭脳と肉体を切りわけて分業させる「古い科学」は、権力が生産を囲いこむことの正当性を主張するために機能してきたのではないでしょうか。

管理側は、すべての肉体には頭脳があるという事実を、率直に認めるわけにはいかなかった。だから、複雑な思考をあやつってモノをつくっているのは、ほかならぬ労働者でありその特異性であるということを、簒奪したのです。

つまりテイラー主義の問題は、それが生産の一様式であるということを超えて、生産（の科学）をめぐるひとつの政治様式であったことだといえるでしょう。

こんないびつな様式が、社会の生産活動の全体を担えるわけがないのです。テイラー・システムによる生産管理は、現場の人間の特異性によってきずかれた知恵を簒奪して、全体を仕切っているふりをしてきた。しかし、生産活動の全体から俯瞰すれば、かれらはただたんに寄生していただけだった。だから人間のほうがどんどんパンクしていくということが起きてしまう。その限界は、たとえ「東京電力放射能公害事件」が起きなくても、かなりあらわになっていたのではないでしょうか。

――じつのところ、『モダン・タイムズ』はもうかなり過去の光景で、最新のトヨティズムというかフォーディズム、ないしテイラー・システムでは、ベルトコンベアはつかわれません。大きな作業台に10人ぐらいのチームでついて、1週間に冷蔵庫を10個つくりなさい、3日で終えればあとの4日は休みですよ、と命じます。そこにベルトコンベア的な疎外はないようにみえる。労働者は、「これはわたしがつくった冷蔵庫です」といえるようになっている。しかも10人が力をあわせてがんばれば、労働日数以上の休みがもらえるのですから、非常に主体的にとりくむようになる。
このシステムこそが限界にきているわけですね。ベルトコンベアではなくて、「究極の管理」で身心が叛乱を起こし、鬱になったり、自殺してしまったりする。

ぞっとする事態ですね。生産現場に、「労働者どうしの協働」といった、生活経済のコピーのようなものを擬似的につくる。そのほうが生産性を上げるということでしょう。しかもそこでは「疎外はない」ということになっている。いよいよもって、資本が労働者の主体性を喰いつくす局面に入っている。これでは労働者はますます「反社会的」にならざるをえない。労働者の規律違反や「非行」は、ますます全面化していくのではないかと思います。

原子力産業の非合理性も、テイラー主義からきている

原子力施設にかんしても、「ものをつくる」ことができていないのはあきらかです。

東電がいくら「この時間内にこの人数で、これだけのボルトを締めてこい」と上から工程表を出しても、その管理は労働者のオートノミーを無視しているのですから、スケジュールどおりにいくわけがない。しかも原子力施設は、人間のスケールをはるかに超えた大きさと、現場労働を無視したずさんな設計によって、とんでもなく仕事がしづらい場となっています。するとどうぜん、どこかのボルトが締まっていなくて事故につながったり、防護服のままではとても作業できないから一時的に脱いでしまって被曝量が増えたりということが起きる。生産管理どころか、無秩序と混乱と被害がひろがっていくばかりです。

——1999年の東海村JCO臨界事故のとき、「裏マニュアル」を看過していたずさんな管理体制が明るみに出て批判を浴びました。しかし、職人的な現場では、法や、あるときには危険性の予測すら超えたところで、いちばん合理的で効率的な方法をえらぶこともありうるのではないでしょうか。

もちろんそうだと思います。職人的な知性は身体を重視しますから、疲れないように、けがをしないように、もっとも合理的なやりかたをえらびます。頭脳と肉体が一体になっているからです。ロベルト・ユンクの『原子力帝国』（山口祐弘訳、社会思想社、1989年）でも、堀江邦夫さんの『原発ジプシー』（現代書館、1979年）でも、原子力施設の労働者がつねに複雑さに対峙して、試行錯誤し、いちばんいい方法をみいだしていく様子が描かれています。しかし、原子力施設では、熟練の知恵によるそうした「手ぬき」が、とりかえしのつかない被曝として労働者じしんにはねかえってきてしまう。

ＪＣＯでは事故のとき、旧動燃（現在は日本原子力研究開発機構に統合）の発注を受けて、高速増殖研究炉「常陽」の核燃料（高濃縮ウラン溶液）をつくっているところでした。事故の本質的な問題は「裏マニュアル」ではなく、ここでもやはりテイラー主義の管理のまずさと、その前提にある生産性の思想だと思います。

研究炉のために発注された核燃料は、濃度や成分比率の点でもロットの点でも、ＪＣＯがこれまで手がけたことのない仕事でした。均質な濃度の燃料を大量につくるのは、かなりたいへんな作業です。そのための方法も装置もＪＣＯはもっていなかった。というか、そんな装置は日本のどこにもなかった。だから、これまでつかってきた装置で何とかできないか、というので、試行錯誤でやっていた。しかし、やがて納期が迫ってきて、まにあわないからでかい容器で混ぜてしまえということになった。それで臨界を起こしてしまったのです。

そして、ＪＣＯは、「常陽」だけでなく、「ふげん」「もんじゅ」もふくめ動燃の一連の研究炉の核燃料の生産を、一手にうけおっていた。本業である軽水炉用の燃料（研究炉用よりもずっと濃度の低いウラン溶液）の生産にくわえて、そういう無理な仕事を引き受けて、いっぱいいっぱいになっていたんです。

ようするに、まず無理な注文があって、「頭脳」の連中が、無理な仕様と納期を押しつけた。しかも、それをつくるための方法について、「頭脳」はネグレクトした。現場で働く「肉体」に、手もちのもので何とかやってくれと丸投げした。なぜそんなことができたのか。「頭脳」は、「頭脳」のふりをしているだけで、じっさいの生産活動を知らないからです。仕事を知らない者が「頭脳」としてふるまい、「管理」していたことが、臨界事故のもっとも本質的な原因といえます。

原子力産業は、テイラー主義的な「管理」がどこに向かうのか、その究極的な姿をあらわしていると思います。それは、寄生的で非生産的な「頭脳」が肥大した、いびつな生産管理の方法なのです。

「古い科学」のツケ

これまで私たちが科学だと思ってきたものは、結局、テイラー主義に象徴される非合理的な「古い科学」にすぎませんでした。複雑なものを乱暴にセグメント化することで、科学を装っていただけなのです。

テイラー・システムは、頭脳＝管理部門と肉体＝単純労働部門を分離します。職人の側からすればありえない話ですが、大工場ではそれが可能だった。ただし、労働者はそれで知性を奪われたかというと、そんなことはありません。テイラー・システムの最大の不幸は、「頭脳」のほうの不充分さが、世界に多大な害悪を垂れ流している点です。ただ「管理」しているだけで、生産性はちっとも上がっていない。生産現場の実態からことごとく乖離したかたちで、管理部門だけが肥大化し、原子力産業のようなどうしようもないものを生みだしてしまった。

——テイラー主義のいびつさが極限的にあらわれたものとして原子力産業を考えるとき、その管理のまずさ

の根底にある「古い科学」を徹底的に批判しなければならないことがみえてくるのですね。

そして、すでにある「古い科学」の膨大なツケだけでも、事後処理がたいへんです。いまや、原発労働者たちだけでなく、東北・関東圏の住民すべてが、レベル7の状況下で「古い科学」のツケを払わされているといえるでしょう。

「東京電力放射能公害事件」によって、日本のロボット技術の未熟さがとりざたされましたが、未熟なのはロボットだけではありません。さきほどもいいましたが、原子力施設は、原子炉内部の構造から通路や階段の配置にいたるまで、きわめて不合理なつくりになっている。

いま福井の大飯原発（関西電力）の再稼働が問題になっていますが、大飯には、福島第一の免震重要棟にあたる設備がありません。万一事故が起きた場合は、地下の、20人ぐらいしか入れないような小さな事務室を拠点にするなどと、ばかなことをいっている。

定期検査も、労働者にとてつもない難業をしいるものになっています。どこもかしこも、人間がメンテナンスをおこなうことをまったく考慮しない設計になっているからです。私は以前、浜岡原発の原子炉内部の写真をみてびっくりしました。原子炉の下の制御棒を入れる装置ひとつとっても、不具合が出ればただちに修理しなければならないのに、その周辺のどこにも、人間がまともに作業できるスペースが設けられていない。腰をかがめたものすごく不自由な姿勢でやらなければならない。しかも、線量計が始終ピーピー鳴りつづけるような環境です。そもそも防護服で体が自由に動かせないのに、作業空間すら確保されていない。そして、そのしわよせは結局、管理側ではなく、現場で働く労働者にいくのです。

それでは、やろうと思えばまともな設計ができるのかといえば、これは本質的に無理なのだと思います。肉体＝労働者がいくら被曝しようが疲れようが、知ったことではない、そういう体制のもとで、まともな設計ができるわけがない。「頭脳」にとっての「生産性」とは、管理のための書類の様式なのであって、生産そのものではない。これがテイラー主義の正体なのですから。

「古い科学」の非科学性

民衆と、民衆とともにある学者が結集して「新しい科学」をあみだしつつある一方で、

「古い科学」のしがらみはまだ残っています。そこに葛藤が生じるだろうし、大学などの研究・教育の現場は揺さぶられることになるでしょう。民衆は科学的・歴史的になったことで、だれが嘘つきであるかをただちにみぬく力を獲得しました。学者たちが、ふるいにかけられる局面が生まれている。

くりかえしますが、計測運動の根幹には、「楽しくてしょうがない」という知的興奮があります。みんな、ほんとうに科学的な思考、ほんとうに科学的な実践ができることに興奮している。

——民衆科学にも、多少の前史はありました。たとえば高木仁三郎さんのはじめた原子力資料情報室の活動は、多くの人が知るところとなりました。あるいは宇井純さんの実践も、対象は放射能ではなくて水俣病の有機水銀などでしたが、公害問題を科学にまで高めたものといえます。宇井さんは、高価な薬品を買わなくても、石鹸など自宅にあるもので測定できるといった実践的な知識を伝える市民講座を開いていました。

こうした「市民科学」の歴史では、学者はつねに素人の民衆といっしょに、複雑さに対峙してきた。放射能にかんしても、チェルノブイリ事故を受けてR・DAN（放射線災害警報ネットワーク）が活動を開始し、すでその測定方法をめぐる論争が起きるなど、民衆が計測と考察をつうじて科学を追究するという状況は、すでに80年代に出現していました。ただ、いま計測運動にたずさわっているのは、それらの「市民科学」の系譜とはちがう層の人たちだと思いますが。
西ドイツの女性たちが書いた『チェルノブイリは女たちを変えた』（グルッペGAU訳、社会思想社、1989年）には、「女たちは科学に、国家は迷信に走ろうとしている」など、科学をめぐる興味深い洞察がたくさん出てきます。いま全国でけんめいに学習や計測をやっている人たちの姿が、そこに重なってくるように思います。

そう考えると、フクシマをへて出現した現在の民衆科学はいわば、「市民科学 ver.2」ということにもなるでしょうね。

みえないものをみるために計測する。みえないものを、計測によってここにあるよ、と指し示して、問題をみんなで共有する。そこでは肉体と頭脳の分離はありえない。テイラー主義は、肉体に関心をもつ必要はないという立場です。それがいかに「非科学的」であるかは明白です。社会科学は、そのような「古い科学」のありかたが社会を編成してきたこと、そしてそのなかで人間活動の繊細さがどれほど無視されてきたかを、研究しなければならないと思います。

——民衆科学、市民科学というと、言葉は美しいけれど、「みえないものをみたい」という欲望に憑かれている、ともいえるわけですね。

計測運動を、たんに恐怖や不安をまぎらわすための行動だとみる人もいますが、じつはそうじゃない。「みえないものをみたい」という科学的・魔術的探究心が、運動を駆動している。そして、退避にせよとどまるにせよ、状況を主体的に納得するためのプロセスともなっている。そしてその根底には、生きたい、生きのびたい、生きのびてみせる、負けてたまるか、という生への執着がある。

このように、「生への執着」が前面に出てきたということは、これまでの日本ではなかったことだと思います。

まさしくそういう生への執着、自己保存の力が、学習に、デモに、退避に、250万件もの計測データに、着々と結実しているんだと思います。東電や国家や原子力ムラに殺されるのはいやだ、殺されないためには絶対に放射能をとらえてやる。けっして「防護なんて無理だ」などとニヒらない。それが「ゼロベクレル派」の思想です。

6

「ゼロの日」以後の原子力都市

「鉄の時代」から「原子の時代」へ――「清潔な資本主義」の登場

2010年に私が出版した『原子力都市』の企画の発端は、各地の全総（全国総合開発計画）の痕跡をていねいにみていくことでした。とりわけ中曽根内閣の四全総（1987年に閣議決定された第四次全国総合開発計画）によって実施されたさまざまな都市再開発が、日本の風景をどのように変えたのかを跡づけたかった。

そのように考えて全国をめぐってみると、そこにはいつも、陰に陽に原子力開発があった。いま喧伝されている「復興」もまったく同じですが、公共事業利権、とにかく道路をつくればカネが落ちるという構造は、この全総で確立した。土木国家の誕生ですね。

そして、それは土木国家であると同時に原子力国家でもあった。「さらなる発展」のための都市開発のベクトルとして、原発が象徴する「未来のエネルギー」のイメージや言説が、綱領として必要だったのです。「豊かな未来はこっちだよ」と示すための指標であり、都市発展の精神的支柱、つまり純粋な上部構造です。

――すでに1960年代に、電通など広告代理店を介して、「もっと電気をつかえ」キャンペーンが大々的に展開されていました。

そうした情報産業や文化産業の展開も、日本の発展の綱領が原子力にシフトしていったことと無関係ではないでしょう。

思想家であり、都市計画家でもあるポール・ヴィリリオは、アメリカ合衆国について書いた文章のなかで、合衆国の行動綱領は西部開拓、「Go West」なんだといっています。アメリカ人は西へ西へと開発をすすめていって、それは旧い大西洋世界から離脱して新しい世界を切り拓くという運動なのですが、この運動は、最後に太平洋につきあたってしまった。太平洋につきあたって、もうこれ以上「西部」がない、「新天地」がないとなったときに、アメリカ人はその代替物を映画のスクリーンにみいだしたのだ、と。ハリウッドですね。ハリウッドの映画産業というのは、アメリカ合衆国の正統な綱領を体現するものなのだというわけです。

これは合衆国の話ですが、おそらく近代日本にも、近代日本の綱領というものがあるでしょう。

いまでは推進派が唱える「エネルギー問題」が嘘だというのはみんなわかっている。しかし国の原子力政策の転換にはそれなりに時間がかかるし、「原子力都市」としての東京も、そう簡単には崩壊しないわけです。それは原子力発電というものが、エネルギーのワンオブゼムではなくて、現代日本の行動綱領にかかわるものだからです。

「原子力都市」は、直接的には、「鉄の時代」のつぎにあらわれた「原子の時代」の都市をさしています。と同時に、「原子の時代」の行動綱領でもあるのです。

「鉄の時代」は、集産主義の時代です。港湾、鉄道、造船、鉱山、ダム、臨海の重化学コンビナートなど、工業都市の姿が巨大で壮観なスペクタクルとして展開していました。それらが目にみえやすい「豊かさ」の指標になっていた。

これが「原子の時代」には一変します。モータリゼーションの進行、物流・ロジスティクス化がすすむ。内陸に立地する軽工業やハイテク産業の隆盛によって、資本主義はみえなくなり、拡散していった。リゾーム化して、埋めこまれていったといってもいい。

これは放射能の不可視性とも対応しています。石炭などとちがって、原子力ではエネルギーの搬出入もロジスティクスも労働も、徹底してみえなくされていきます。公害もみえなくなる。工業都市がもっていた否定的な要素が不可視化していって、公害も労働災害も「卒業」して、「安全」で「クリーン」な原子力都市を構築していく。近代日本がもとめてきた「清潔」な産業社会が完成するわけです。

これは70年代以降の日本にとって、決定的でほかにとりかえのきかない「発展」モデルであったし、統治のモデルでもあったのだと思います。

――職住一体型で生産がよくみえた石炭とちがって、原子力都市のエネルギーのもとになるウランの場合、生産と消費が完全に分離していますからね。というか、そもそもみたりさわったりしてはいけないものです。そのような体制下では、「何だかわからないけれど、信じていれば豊かになれる」というような、幻想的なモデルが必要だったということですね。

炭鉱労働者は、炭鉱労働が何であるかを知っていたし、社会のなかで自分たちがどのような位置にあるかを知っていた。しかし「原子の時代」には、だれも自分の仕事のほんとうの内容を知らないし、それがどのような社会的位置にあるかを把握できないわけです。なぜ携帯電話の画面で釣りをさせるのか、そんなゲームをつくることがなぜ巨大な収益を生むのか、ぜんぜん意味がわからない。意味不明でしょう。

そうした労働者の位置感覚の喪失ということがあって、それは無力感とか幼児性となって全般化していくわけです。工業都市から原子力都市へとシフトしていくプロセスというのは、資本と労働の軋轢を解除していくプロセスでもあった。それはただ労使協調ということではなくて、労働者の生活意識全体を根切りにしていくことでもあったわけです。

だから原子力というのは、たんにエネルギーの夢であっただけでなく、経営の夢でもあったのです。資本主義がもつ負の側面や労使の軋轢というものを、きれいにジェントリファイしていく。組合とか社会主義者に煩わされない、「清潔な」資本主義が実現するわけです。

時間の尺度がとりはらわれ、「人類」の射程があらわれる

——それでも、そうした原子力体制が、ここへきてほころびをみせていることはたしかでしょう。

民衆科学、計測運動、地域民主主義の勃興は、大規模な退避がはじまる可能性を予感させます。現状では福島からの避難者が6万人、沖縄に退避している人が1万人といったところですが、すでに各地で避難者受け入れがすすんでいますし、これから増えていく可能性が高い。津波の被災者もふくめて、日本全体で50万人が大移動するというような事態もありうる。

そうなったらもう、原子力都市の崩壊といってよい状況ではないでしょうか。そのとき、どのような変化があらわれると考えていますか。

まず、避難した人たち、放射能難民は、想定する時間の射程が長い。こども、孫の世代まで考えて、さらには50年、１００年という時間の射程をもって移住してきているわけですから。

そこでどのような変化が起きているか。

ひとつは、「健康」の概念の範囲が問いなおされているということがあると思います。これまでは、個人の単位で、できるだけ長く健康でいて、体が動くかぎり働ければいいだろうというのが、想定される「健康」の範囲でした。しかし避難民の健康概念はまったくちがいます。もっと長くて大きな健康、人類規模のリプロダクティヴ・ヘルスの持続性を考えている。

「自分が元気で働ければいい」という「小さな健康」しか想定しない人は、そういう間尺で考えるから、放射線防護対策を「エゴ」だなどといってしまう。それは現在起きている事態を完全にみあやまっている。

いま被曝を恐れて避難している人たちが考えているのは、個人レベルの「健康」ではなくて、種の健康であり未来なんです。

――私も、矢部さんほどではないですが、これまでは「ライフプランなんてネオリベ的だ」という考え方でした。しかしフクシマ以降、われわれは「未来」を考えざるをえなくなりましたよね。『チェルノブイリの祈り』という本に「未来の物語」というサブタイトルがついているように、私たちは未来を意識して生きざるをえなくなっている。これまで「未来」といえば、各種保険、退職金、年金、遺産など、生保の「ライフプラン」にしたがって、自分やこどもの将来のためにお金をどうするか、というかたちでしか考えたことがなかったのが、そういうものとはまったくちがう「未来」を描くことをしいられているわけですね。

◎『チェルノブイリの祈り』（松本妙子訳、岩波現代文庫）は、1986年のチェルノブイリ原発事故の被災者（原発従業員やその家族、科学者、元党官僚、医師、兵士、強制疎開地にもどってきて住みつづける人々など）への聴きとりをもとに書かれたドキュメント。著者スベトラーナ・アレクシエービッチは緒言の「見落とされた歴史について――自分自身へのインタビュー」で、「何度もこんな気がしました。私は未来のことを書き記している……」と語っている。

生保的なライフプランは結局、家父長的な論理の域を出ないものです。フクシマの避難民の「未来」はそれとはまったくちがう。

自分の娘の娘の娘なんて、じつのところ、自分とはぜんぜん関係のない他人です。いま各地で小さな市民グループがつくられていて、めいめい「〇〇の会」という団体名を名のっています。長崎のある市民グループは、「七世代先の子供たちのために美しい大地を守る会」という名をつけた。これはものすごいことです。七世代先なんて、完全に他人ですよ。「赤の他人をまもるんだ」と宣言しているにひとしい。

自分にとって、何代も先の人間たちがどう生きるのかなんて知るよしもない。けれども、そういう絶対にであうことのない人間たちの未来を考えて、移住している。

それは長い健康、大きな健康、種の生殖の健康を思いえがいているからです。ともすれば「エゴイスト」と非難されるような、ものすごく利己的にみえる人間が、じつは人類の未来を考えているということが起きている。

つきつめて考えれば、自己保存と人類愛は矛盾しない、むしろ自己保存の歴史が人類史だということではないでしょうか。

既存の時間の尺度がとりはらわれて、「人類」を考える難民の群れが大規模に発生し、各地に移住して生活再建をしていく。これが私の思いえがく「原子力都市崩壊後の未来」のヴィジョンです。そうしたヴィジョンが、フォールアウトを受けなかった非汚染地域でも、徐々に共通認識になっていくのではないか。

がれき問題にしても、「数年内に何とか片づけて復興する」といったように、ごく短い時間の尺度でしか未来を描けていないわけです。しかし、がれき問題というのはもっともっと長いスパンでとらえなければならない。

震災がれきの広域処理が既成事実化することで、今後さまざまな低レベル汚染物質が拡散されていくでしょう。だから、いちど受け入れてしまったら終わりなんです。焼却場や最終処分場などの施設は、震災がれきの処理が終われば「転用」される。福島第一をはじめ、今後廃炉とされる各地の原発から出る膨大な量の放射性廃棄物の引き受け場所となっていく可能性がある。そうなれば、１００年、２００年、何千何万年の単位で、健康被害と闘っていかなければならなくなるのです。

もう、すべてが許せない

北陸・中部地区に避難してきている「難民」の数は、行政が把握しているだけで現在約4000人です。もちろんこれは氷山の一角で、避難者登録をしていない人や、住民票を移していない人をふくめれば、もっと多いでしょう。そして、大移動はこれからでしょうね。とりわけ福島からの難民は、一気に増えていくはずです。

これまで、みんな内部被曝、低線量被曝についての知識がそれほどなかったので、福島の人たちも東京をはじめ関東圏に避難してきていました。それがおそらくこれからは、関東を飛びこして西へ向かう。そして避難先で、がれき受け入れ反対運動を起こしていくことになるでしょう。

そのとき、原子力都市はどのように変容するのか、しないのか。フクシマ後、原発は停まりつづけ、残る1基の泊原発（北海道電力）が2012年5月に定期検査に入れば、54基すべてが停止します。

現在、大飯原発の再稼働がさかんにとりざたされていますが、再稼働なんて絶対にできないと思います。フクシマをへて、距離の尺度が決定的に変わったなかで、「東京と福島は230キロも離れているからだいじょうぶ」なんてことは、もうだれも思わなくなっている。大飯にしても、事故を起こせば関西全域が汚染されるのは自明だし、それどころかふたたび日本中に放射性物質がまきちらされる、それはかんべんしてくれ、とみんな思っていますから。

――推進派の筆頭である産経新聞は、「1日でもゼロの日をつくってはいけない」と、必死にキャンペーンを張っています。ゼロになったらみんなやる気なくなりますからね。1基でも動いていればいい、と。

ゼロになる前に、むこうはいろいろなカードを切ってくるでしょう。電気料金を倍に値上げするとか、イランで戦争が起きたから石油供給がなくなると脅すとか。あるいは、こちらが予測しないようなカードも出してくるかもしれない。だからすくなくとも数年のあいだは、緊張をゆるめられない。

「ゼロの日」はくるんでしょうか、そして、ゼロになったらどういうことが起きるのでしょうか。「ゼロ稼働以降の状況」を、われわれはどう生きたらいいのでしょうか。

かならずくると思います、「ゼロの日」は。この1年、徹底的に勉強した結果、原子力発電が経済的にみあわないということはもはやだれもが知るところとなりました。だから原子力産業じたいが不可能なことはわかりきっているので、むしろ、「そのあとしまつをどうするか」に問題はシフトしていくはずです。

そして「ゼロの日」を境に、日本の発展の綱領としての「原子力都市」は、いったん終わるのだと思います。そもそも今回の事故を機に、その綱領がすでに破綻していることがあきらかになっているのですから。

綱領をうしなった社会が、成長や発展といった理念を根本的に問いなおし、何をめざして働き、生きていくのかを考えようとしている。それがポスト原子力都市のヴィジョンであり、それはむしろ望ましい状態なのではないでしょうか。

原子力都市の副産物としての「尺度の消失」――地域的・空間的尺度だけでなく、時間的な尺度もふくめて――によって、さきほどいったような「人類」の視座が生じているのが、何よりすばらしいきざしだと思います。

これまでの反原発運動の歴史的な経緯や知見は、原子力発電の是非を問ううえでは有効だったかもしれません。しかし、「ゼロの日」後のレベル7の拡散状況にかんしては、あまり役にたたないと思うんです。だから、反原発運動に集中している人たちにも、いっしょに計測運動をやろうよ、といいたい。レベル7の新しい地平に向かって、運動の運動性をともに編みなおしていこう、と。

——ただ、「ゼロの日」がきて、「反原発」が終わっても、「地域民主主義」は放心しないでしょうね。がれきだの何だの、さいわいにしてというか、いつもベストタイミングで国家が「宿題」をどんどん出してくれますから。

反原発にかんしては、去年の段階では運動の疲弊ということが出てくるのじゃないかと心配していました。いつか疲れちゃうんじゃないか、夏までもつかな、と。でも、軽くもっています。東電や政府が必死で「電力不足」を喧伝していた2011年の夏も、あっさり越えてしまった。だれも再稼働なんていわない。「電気不足」なんてだれも本気で信じていないし、エネルギーシフトすらあまり関心を呼ばなくなっている。いいからとにかく停めろ、というのが大勢でしょう。各種のアンケートなどをみると、「即時停止」か「安全が確認されれば再稼働」か、など多少の濃淡はあるにしても、6割以上の人が再稼働に反対している。

一方で、放射能との闘いにおいては疲弊が懸念されます。毎日のことですから。関東に住みつづけて、食品を選びぬき、マスクをしつづけるのはむずかしい作業です。すくなくとも私は、関東で自分が闘いをつづけるのは無理だと思ったので、愛知に退避したんです。いまは東京にも九州産の野菜などが入ってくるようになりましたが、初期のころは関東産ばかりで、これはとうてい無理だろうと。

——やや悲観的な話をすれば、東京の日常では気をつけているつもりでも、無意識に放射能にたいする許容度が上がってきてしまっている。それが現実に生活することの重みでもあります。

しかし、それでも、電気料金の値上げがいくら騒がれても、だれも再稼働をせよとはいわない。マスコミですらいいません。かれらは空気を読んでいるだけで、再稼働にしろ廃止にしろ、ほんとうにそう思っていっているわけじゃない。ようするに、本気で再稼働すべきと思っている人なんて、経団連とか電力会社・関連会社の社員とか、利権にからむごく少数だろうということです。

状況は厳しいですが、私は全体的には楽観しています。3・12後、完全に空気が変わったと思いますから。

さきほどものべたように、2年前に私が問題にした「原子力都市」というのは、国家の原子力体制であり、同時に、世界でも稀な超巨大都市を構築した都市計画体制でもある。

それは原子力を受け入れさせる体制であるだけでなく、大規模で投機的な都市計画を受け入れさせる体制でもあったわけです。だから「原子力都市」への批判というのは、原子力問題にとどまらない。

この批判意識は、生活経済をないがしろにしてきたさまざまな政策におよぶし、議会や「専門家」やマスメディアをめぐるリプレゼンテイション（代理／表象）の問題にもおよびます。

いま非常に大規模な放射能公害事件を受けて、歴史学とか経済学とか社会学といった社会科学の方法や視点というものが、民衆レベルで共有されて、大きくせりあがってきているわけです。こうした民衆運動は、従来のような個別的な政策批判ではなくて、より一般的で普遍的な批判を提起することになる。もう、すべてが許せない、という状態です。全部ひっくり返してやる、と。そういう転覆的な感情がひろがっている。

集団的な「大回心」

——原子力は、50年代の民衆運動の大敗北を受けて、受動的にせよ能動的にせよ、受容していった歴史がある。しかし重要なのは、フクシマを境にみんなが「いらない」と思って、叫んだことで、現実に原発がつぎつぎと停まったことです。けんめいに勉強し、プラカードをかかげてデモをやり、計測をし、方々に電話して意思を示したことで、「あと1基」というところまできた。再稼働をもくろむ動きがあれば、ジャーナリストが不正を暴いて、その情報はすぐ共有され、阻止の力になる。

みんなで、よってたかって停めているわけですね。

――そのように、ある意味では主体的に受け入れていたのが、なぜ一夜にして「主体的にしりぞける」に変わったのか。

このような事象はよく「転向」と表現されますが、これは「転向」ではないと思うんです。ここは竹内好にならって、「回心」という言葉をつかいたい。「回心」は宗教的な概念としてとらえられることが多いけれど、原義的には「心がまわる」ことでしょう。心が、大きく、ぐいっぐいっと、しかも個人ではなく集団でまわる。今回起きたのはそういうことではないかと思うんです。ポイントは「集団で」ということ。

「回転」は、歴史の見方にもあらわれています。民衆の思考は科学的になっただけでなく、歴史的にもなっていますから、「諸悪の根源はABCCだ」とか、「原爆とは何だったのか」とか、「Atoms for Peace はおかしい」「水俣を学びなおそう」とか、もっとさかのぼって明治維新を調べたり、近代文明そのものを再考しようとする人もいる。世界史をさかのぼって、どこに問題があったのか、どんな運動を参照できるのかを、だれもが真剣に、心をこめて考えようとしている。
その集団的な動きが原子力都市を崩壊に導いているし、それは反資本主義そのものではないでしょうか。

お母さんや主婦たちがふつうに、経団連を批判するようになっていますからね。「革命」はこれまで左翼の言葉だったけれど、いまや転覆的な感情、革命への志向が日常の状態になっている。

革命 revolution の動詞 revolt（反抗する、反逆する、叛乱・暴動を起こす）の語源は、「ぐるりとまわすこと」です。弾装がぐるりと回転する構造をもつ「リボルバー拳銃」の revolve も、語義は「回転する／させる」です。

つまり、「レボルト」というのは、社会をぐるりと回転させる、時間をぐるりとまきもどす行為なんですね。ぐるりとまわすことから、「転覆」とか「復古」とか、「一からやりなおし」というニュアンスをふくむわけです。

だから、あれ以来起きていることは、まさに「回心」といってもいいかもしれないですね。戦後の左派がリニアな発展観・進歩主義にもとづいていたとすれば、フクシマ後のわれわれのヴィジョンは、「ぐるりとまわす／まわること」であり、もういちど時間をまきもどすことなのだと思います。

それまで多少は知っていたけれど、あまり意識しなかった昔の活動家や歴史家、科学者、文学者たちの言葉を、思いだして調べなおす、まきもどして凝視するようになっているのも、「回心」ですね。たとえば、いまでは内部被曝の概念がかなり普及したけれども、ヒロシマについて調べなおすと、そういえば「入市被爆」という概念があったんだな、と思いだす。


――戦後教育を受けた人ならだれでも、ヒロシマ・ナガサキ、水俣についてひととおり習っている。チェルノブイリについても、多くの人は何かしら読んだり聞いたりしているでしょう。ひととおり、何となくは知っていたけれど、「ああ、かわいそうだね」みたいな感じで流してきた。それを「まきもどして」みるようになっているんですね。なんだ、ここに未来があったんじゃないか、と。

これまでも、核の脅威に気づいて、原爆にしろ原発にしろ、なくしたほうがいいと考えた人はおおぜいいた。しかしそれは個人での気づきであり、個人での回心だった。矢部さんは冒頭で、荒畑寒村に言及されましたが、それもふくめて部分的な動向だったと思うんです。

今回のように、一夜にして、すごい規模の集団が一気に「大回心」したというのは、これまでなかった驚異的な事態ではないかと思います。あさましくてみっともない、しかしものすごいエネルギーにみちた「生への執着」にもとづいて、大回心、大転換が起きた。

矢部さんの『3・12の思想』は、書評にも書きましたけれど（『週刊金曜日』2012年4／13号）、この「みんなの大回心」を代弁したものといえるでしょう。

「大回心後」の原子力都市

私は以前、原子力都市は尺度をうしなった世界であると書きました。そしてさきほど、時間や距離の尺度の消失についてお話ししました。

フクシマ後は、そういった原子力都市の「尺度がないという特徴」が、全面開花している状態だといえます。

たとえば福島の人が九州、沖縄、北海道に、あるいは海外に避難したとき、距離の尺度がいっきょに消失しているわけです。そうやってものすごい距離の移動が活性化しつつ、歴史を濃密に学ぶことで、時間の尺度も消えていっている。

「チェルノブイリとフクシマはちがう」とか、「昔の資料だから参考にならない」なんて、だれもいわなくなっている。残ったのが、というか新たに生成したのが、人類という尺度です。そしてこれは、「国民」概念の崩壊のきざしでもあります。

――初期のデモからそうなのですが、事故から1年後の「3・11国会包囲」でも、在日外国人の人たちがおおぜい参加していましたね。英語はもとより、フランス語、スペイン語のプラカードや横断幕がかかげられている。われわれは東京で被曝している、どうにかしろ、という。

カリフォルニア在住の萩谷海さんによれば、サンフランシスコでも計測運動を「逆輸入」してひろめる人も出てきた。アメリカの西海岸で、ウクライナ製、ロシア製の線量計をつかって計測運動がおこなわれている。チェルノブイリの遺産とフクシマの遺産が、カリフォルニアで結実しているわけです。

しかもサンフランシスコの運動は、これまでたびたび事故を起こしているアメリカのサンオノフレ原発の廃止をめぐって、NRC委員長のグレゴリー・ヤツコをひっぱりだしました。計測だけでなく、みんなで騒いで事態を大きくしていく。それが現実的な力になっていくというのがおもしろい。

そしていま、インドでも反原発運動が最高潮に達しています。たとえば南インドのタミル・ナドゥー州に建設中のクダンクラム原発をめぐる反対運動。ものすごい数の人が座りこみをしている。ガンジーの伝統をくんで、断食をやる。かれらの発言をみると、「内部被曝について勉強しましょう」といった呼びかけがされている。もちろん「フクシマ」という言葉も出てくる。

インドでこうした運動の深まりがみられるのは、驚くべきことです。インドの場合、反原発運動は伝統的に土地闘争の一環という要素が強かった。そのようなところでも、フクシマを参照しながら内部被曝について学ぼうという気運が高まっているわけで、反核運動の状況は世界的にそこまできている。

そしてつぎには、アメリカ人もフクシマをきっかけとして、チェルノブイリやヒロシマ・ナガサキの歴史、あるいはビキニ実験の歴史を「まきもどしてみる」ようになっていくのでしょうね。

モンゴルもインドもそうだし、なにしろ世界中で「尺度の消失」が起きていて、「国民」とか「国家」の概念が壊れて、ユニヴァーサルな視点が成長していくと思います。「原子力都市」とは、原子力が「環境」の輪郭を壊し、果てしなくとりとめのない平滑空間がべちゃーっと、海のようにひろがっていく状態をつくった、ということを指しています。

つまり原子力都市は、人間が環境のなかに生きることを不可能にしてしまった。これはたいへんなことです。環境をひきはがされてしまったんですから、ひとりの生きている人間としては、前後不覚になるような事態です。

しかし、それはかならずしも悪いことばかりではない。環境を喪失したことに自覚的であれば、距離や時間の尺度を超えていくことがもっと自在になる。世界中どこへでも飛んでいき、歴史をどこまでも深く掘りさげ、人類の尺度でものごとをみていくことができる。こうした主観性の変質する状態が、フクシマによって全面化している。

つまり、逆説的ですが、原子力都市がわれわれに強いた「環境喪失」「尺度の消失」を、フクシマ放射能公害事件を境に、われわれは主体的に生きはじめた。そしてこの状態こそが、原子力都市を崩壊に導いている。だれもが人類の尺度で考え、土地にも国にも縛られずどこへでも行き、過去の人々の言葉を真剣に受けとめるようになったら、原子力産業は不可能になるからです。

ですから私はこのような「フクシマ後の世界」を、非常に肯定的にとらえています。

原子力都市のもうひとつの顔――核兵器

――矢部さんは原子力都市という概念によって、いわば都市を通して資本主義を批判してきました。その鏡としての原子力都市は割れかけているわけですね。

しかし、原子力都市にはもうひとつの顔があります。核兵器です。こっちは意外に壊れていませんよね。みんな意に介していないにしても、イランや北朝鮮の核が始終とりざたされ、西尾幹二や小林よしのりに典型的な、「原発はヤバイけど核兵器は安全」といった論理も一部にある。

どちらも核であることに変わりはないのですが、「われわれの想像力を縛るものとしての核兵器」という問題があるように思います。それはもっと端的にいえば、国際関係とその基軸としての核体制ということになるのでしょうが。

原発は、事故が起きず、静かに動いているかぎりは、だれも意識せず、完璧なイデオロギーとして作動します。ほぼだれも疑問をさしはさまないし、何か異論を唱えれば変人扱いされてきた。核兵器の場合はまったくちがって、最初から疑問に付されているわけです。こんな絶滅兵器はいらない、と。にもかかわらず、いっこうになくならない。

原発がすべてなくなれば、核兵器も、つくれないことはないけれど、体制にひずみが出るでしょう。もし「ゼロの日」が世界的にひろがり、原子力都市が崩壊すれば、核体制も崩壊するのでしょうか。


核兵器は、戦争概念を根底から変えてしまう、きわめて特異なものです。何十万人もの人間をいっぺんに殺す最強のテロリズムを実現するのですから。これは国民国家にとっても異物です。国民国家や帝国主義などむしろかわいらしくみえるほど、その暴力の集約性は突出しています。

そもそも国家や主権というものは、私的なものです。しかし国家の私的な性格を、議会制民主主義などの仕組みによって、下から突きあげるかたちを加えて、強制的に公的な性格を付与してきた。その意味で国民国家はハイブリッドです。現代では17、18世紀のような専制国家はおもてだっては無理ですから、一方で私的性格を担保しておいて、おもてむきは公的な表象をまとう。その専制を物質的に担保するのが核兵器ということになります。

つまり核兵器というのは、存在じたいがデモクラシーの敵であるわけですから、デモクラシーを要求するかぎり、われわれは最終的には核兵器と対決しなければならない。ユンクの『原子力帝国』で問題にされているのは、原子力技術が到達した専制的性格です。それは端的に、労働者のストライキ戦術を無効化した／無効化しうるということです。

帝国主義の初期は、労働者のストライキ戦術は絶大な威力をもっていました。これは産業構造の問題であるだけではなくて、軍事的にも国民皆兵制の時代ですから、労働階級が「動員を拒否する」といえば戦争ができなかった。ローザ・ルクセンブルグやレーニンが「戦争反対」といったことのインパクトは、そういう時代のものです。

しかし現代では、産業は労働集約型ではなく技術集約型になっていて、戦争は動員型ではなく無人化に向かっています。産業も戦争も人間に依存しなくなっている。もう人間はいらないという時代になりつつある。そういう状況のなかで、たとえば新自由主義政策にみられるように、権力はもう労働階級に譲歩しなくなっているわけです。

もちろん民主主義をもとめる運動がなくなるわけではありません。しかし、その民主化をすすめるための労働階級の暴力的背景（ストライキ）というものが、決定的な規定力を失ったということをみなくてはならない。帝国主義の時代には、国家の主権にたいして、労働階級のサンディカリズム（潜在的ストライキ）が対抗していたわけですが、核兵器／原子力の時代はその構図が崩れてしまったのです。

では、国家が独占している核兵器という「法外の暴力」にたいして、民衆の側はどのような「法外の暴力」を対置しうるのか。ストライキにかわるわれわれの「法外の暴力」はどこにあるのか、ということです。

そのひとつの道として、海賊や山賊、「犯罪」化された武装集団、「非合法」化された戦争という形態があるだろうと思います。それは局地的な低強度戦争だけではなくて、朝鮮やイランのような大きな国を、まるごと「ならずもの国家」と名指しするような事態です。

核をもつ国家

いまは、日本全体が、基本的に猛烈な反資本主義で動いている。銀行とか経団連とか株主とか、ふざけんな、という感情がひろがっています。しかし、核兵器ということになると、資本主義だけでなく、国家権力の問題にふみこまざるをえなくなる。核をめぐる超国家体制というものを起点に、国家の定義を再検討することが必要になる。「核兵器をもっているのが国家」というような射程で考えていかなければならない。

——ただ、いま核兵器をもっているのは、せいぜい8か国、イスラエルや「疑惑国」をふくめても12か国だけです。

◎2009年現在で、核実験を公式に成功させたことのある8か国のうち、核拡散防止条約（NPT）により国際的に「核兵器保有の資格」を認められている核保有国はアメリカ、ロシア、イギリス、フランス、中国の5か国。NPT非批准で核保有を表明している国はインド、パキスタン、北朝鮮の3か国。

ほかに、核保有が確実視されているのがイスラエル、核保有または核開発の「疑惑国」とされるのがイラン、シリア、ミャンマー（ビルマ）などである。南アフリカは1980年代の白人政権時代にイスラエルの協力を得て原爆開発に着手したが、90年代初頭までにすべて放棄し、世界の称賛を浴びた（91年にはNPTを批准）。

ひるがえせば、ほとんどの国家はもっていない。日本も韓国もアメリカの「核の傘」の下に入っていますから、非核三原則があろうがなかろうが、外からみれば保有国と同じですが。

もちろん、ウラン濃縮施設や原発も「核保有」にふくめれば、日本も韓国も、ドイツ、イタリア、スペイン、スイス、フィンランドも入ってくるわけで、世界の全原発436基のある30か国は、すべて潜在的な保有国といえます。だから、国家だけじゃなく、別の問題もあるのではないでしょうか。

たしかなことは、核兵器から考えると国民国家の枠組みが消失することです。核兵器を前提にしてこそ、拡散・テロ回避の名のもとで国家の枠を超えたセキュリティが昂進する。朝鮮やイランが「ならずもの国家」と名指しされるというのも、アメリカが「世界の警察」であるというのも、その一端でしょう。

一方で低強度戦争ないしは地域紛争が世界中で起きていて、戦争の分子化・断片化がすすむ。核兵器が大国と超大国に独占されている事態と、たとえばソマリアの武装集団が「海賊」と呼ばれ、「海賊」行為がいっこうに討伐されず、無政府状態というか分子的状態が継続している事態は、同時代の、対になっている出来事だと思います。

――「核の脅威」が喧伝された冷戦の時代というと、米ソの対立ばかりがクローズアップされますが、これはいわばマンガであって、米ソ本土では戦争なんか起きていない。その時期、じっさいに戦争だらけだったのは、無数の地域紛争が起きていたアジア、アフリカ、中東です。冷戦期の「米ソ二大対立」なんてみせかけにすぎず、第三世界は戦争だらけだった、これが現実ですね。それで一方で、「核の撃ちあいがないから平和だ、これが核の抑止力だ」などとやっていた。

核兵器があるからこそ、地域紛争が地域紛争のまま保存される。地域紛争だからというので、効力のある国際的な介入もできない。このように戦争状態が保存されることが、冷戦期以降の「核兵器のある世界」の特徴ですね。

――それが冷戦崩壊によって、みせかけが不可能になる。核を撃ちあう仮想敵がいなくなったわけですから。

そうすると核拡散が問題になってきて、いまやっているように、インド、パキスタン、イスラエルの核は黙認し、イラン、北朝鮮などはレジームチェンジさせるというダブルスタンダードのかたちで利用しようとするわけです。

このようにみると、冷戦崩壊以降の核戦争のモデルというのは、なんだかむずかしくなっていく。核じたいも、地域核まで縮小されてくると同時に、昨年起こったアラブ民主革命によって中東情勢が劇的に変化していくきざしがみえると同時に、それへの反動として新たにリビアのようにNATO（北大西洋条約機構）の介入が露骨なケースもあらわれてくる。イランとイスラエルの核をめぐる位置も変化せざるをえなくなるでしょう。

「核が神様じゃなくなった時代」の到来とでもいうのでしょうか。核のはらわたがみえてきた、「核の内部被曝状態」がみえてきたような気がします。

本気で核軍縮をしようと思ったら、IAEA（国際原子力機関）を政治の道具にするのをやめて、第三者機関にして独立させ、強化するしかないわけです。IAEAというのは「Atoms for Peace」以降にできた組織ですが、当初は濃縮ウランの仲介人にすぎなかった。そこにNPT（核不拡散条約）ができて、軍縮を具体的に監視するという役割がつけくわわってくる。それが劇的に変化したのは1991年の湾岸戦争以降でしょう。大量破壊兵器という名目でもって安保理への従属が強化されていく。90年代後半からつい最近までIAEAの代表であったエルバラダイは、それでもアメリカと距離をおこうとしてがんばったんだと思います。しかしそのダブルスタンダードは問題だった。このダブルスタンダードを廃して、厳密に運用させる以外にない。すでに保有している国には、IAEAから減らしていくよう要請する。そういう道が、原子力都市の崩壊によって開けてくるのかどうかということも、今後のひとつのポイントになっていくように思います。

7

「拒否の思想」と運動の未来

原子力国家に対峙する「収束の拒否」の思想

「原子力都市の崩壊」から「核をもつ国家の崩壊」へ、という道筋を考えるとき、ひとつ重要になってくるのが、「3・12」を境に、国家暴力と労働者暴力との対峙関係が微妙に変わってきていることです。

さきほど、労働階級のもつストライキ戦術が、原子力体制によって無効化されたという話をしました。しかし、それはもしかすると、「3・12」以前の構図にすぎないのかもしれない。

「3・12」以前の構図というのは、われわれが原子力の人質にとられた状態です。われわれはだれも核兵器の使用を望んでいないし、いま存在するすべての原発の安全をだれもが願っているわけですから。

ところがこの構図がいま、反転しつつあるようにみえるのです。

原発ではストライキが不可能だといわれます。それは端的にいって、われわれが原子炉の暴走を怖れるからです。いま日本にある54基の原発のうち50基については、今後もそういう「スト不可能状態」がつづきます。しかし、福島第一の1～4号炉についてはどうか。これらはすでに、原子炉が暴走し、破局的な事故を継続している炉です。これら4基については、ストライキが有効といえるのではないか。もしいま、1～4号炉でたいへんな被曝をしいられながら作業についている労働者たちがストに入ったら、どうなるか。「収束作業の拒否」が、国家主権にとって看過できない現実的な脅威となる構図が生まれているのです。

そして、この「収束作業の拒否」を拡張するなら、東北・関東が経済圏として成立しなくなるほど大量の人間が退避し、産業と経済をマヒさせるという、いわば「東日本ゼネスト」と呼べる事態が想像できます。これは、被曝地帯で「日常生活」をおくることや、平静を装うことを、それじたい不払い労働であるとして全面的にしりぞけていくという、「収束の拒否」の態度と思想にほかならない。

このような国家と労働者・民衆の関係性は、「3・12」以前にはありえなかったことです。原子力国家はいま、フクシマ放射能公害事件の影響を、姑息な弥縫策によってできるかぎり小さくし、過小評価しようとしている。しかし、作業員のストライキや東日本ゼネストの可能性が浮上すれば、そのもくろみは崩壊する。われわれではなく、国家の側がリーチをかけられている状態なんです。

「3・12」後の世界において、いま、転覆的な労働者暴力・民衆暴力が、その暴力の条件が、準備されているのではないか。退避・移住という民衆の実力行使が、「核をもつ国家」と互角に対峙する状況が生まれているのではないか。

これはいま実践できる抵抗のひとつの可能性だと思います。もしもいま日本で「収束の拒否」という思想が実現するならば、それは、かつてローザ・ルクセンブルグが唱えた「戦争反対」の思想を、現代的に再生させることになるのかもしれないですね。

運動は感情にもとづいている

——そうした退避・移住までのプロセスとしての意味もふくめて、学習、デモ、計測運動と、いろいろなことをやってきているけれど、放射能は増えこそすれ、減りはしないわけです。

がんばって原発を停めても、動いているよりはマシというだけで、ちっとも安全じゃないし、そのあとしまつがえんえんとつづく。これは、やっている人はみんなわかっていると思います。独立闘争などとちがって、放射能との闘いは終わりも勝利もみえない。現在の運動の基底のところに、悲しさやむなしさが横たわっている。

運動の見通しという点では、事故直後、去年の4月ぐらいの時点ではほんとうに何もありませんでした。「とにかくいいかげんにしてくれ」ということだけがあって。1年たって、いろいろ具体化してきた部分もありますが、相手は放射能だから、基本的に見通しというものがない。それでも人々は運動をつづけていますね。

『3・12の思想』にも書きましたが、現在の運動は自己創出的で、生成変化が常態です。外部も内部もない。そのような状況のもとでは政治の力学化が起き、「動」と「反動」、展望や見通し、あるいは代案といったものも意味がなくなるのかもしれません。「運動の運動性」をつねにつくりなおしていくというプロセスだけがつづいていくことになる。

しかしいずれにしても、厳しい現実として、チェルノブイリの前例からもあきらかなように、これから5年後、10年後には、被曝した人々が衰弱し、死にはじめます。昨日までいっしょに計測をしていた人が突然死したりするかもしれない。突然死ならまだしも、記憶障害が徐々に進行するとか、そういう後退戦をしいられることが、いまの時点ですでに予測できている。

でもそれは逆からみれば、5年、10年たつあいだに、人間の移動がそうとうすすむ可能性でもあると思います。その時期には、放射能に直面した第一世代である私たちは、かなり衰弱しているかもしれませんが。

現在の運動は、「マイナス5」を「マイナス4」にしよう、あるいは「マイナス6」にしないようにしよう、というもの。でも悲しいことに、ほぼ確実に「マイナス6」になる。「成果」の点では報われないといえる。けれども、人間は変わります。これまで眠らされていたポテンシャルが全面的に開花する。

だから私は、未来の若者たちに期待しています。第一世代のわれわれとちがって、これからの世代は生まれたときから戦争状態のリアリティのなかにある。東日本に残った同世代の人間が、つぎつぎに倒れていくのですから。

そのように短命をあらかじめ背負わされた者たちは、われわれの想像もおよばないような、われわれのやっていたことなんてぬるすぎると思われるような、ものすごい緊張感をもった議論をしていくはずです。

戦後の反戦平和運動のなかでも、たとえば「第三世界」が視野に入ってきたのはごく最近、せいぜい70年代以降のことです。初期には東京大空襲やヒロシマ・ナガサキなど、ものすごい数の日本人がものすごい死に方をする事態にじかに接した人たちがいて、その怒りや苦しみが運動を駆動させていたのだと思います。

――戦後すぐ、45~50年代ぐらいの時期には、現在の反原発運動と同じように、いくつかの要素がごちゃまぜになっていました。戦争を起こしてしまった悔しさ、戦争に負けた悔しさ、民主主義を根づかせようという希望、解放感……反戦運動にしても労働運動にしても、反省と希望と悔恨が混淆したなかでやっていたんだと思います。それが言葉として残って、いまからみるとイデオロギー的な部分だけが目立って、なかなかたどりにくくなっている。

でも当時は、GHQは目の前にいたけれど、勢いがちがう、本気だった。それが50年代を超えると、高度成長や冷戦など、いろいろな要因によってその勢いが消されていった。いや徹底的に弾圧されたといっていいでしょう。

現在はちょうど、勢いと本気さにおいて、この戦後すぐの状況と似かよっているんじゃないかと思います。デモに行く人も行かない人もいるし、デモに参加しても人それぞれ、悔しさと反省と、何とかしなきゃいけないという思いと、みんなほんとうにいろいろなことを感じている。

すべて嘘が明るみになった、という解放感も大きいですよね。

――サバサバしたという解放感、悲しさ、絶望。現在の反原発運動や防護運動について、放射能が怖いからやっているんだ、という見方をする人もいます。しかし、それは一面的な見方です。もちろん怖さもあるけれど、ほかにもいろいろな感情がいりまじってやっているんです。

でも、そうした感情を表現する言葉が、まだじゅうぶんにはみつかっていないと思います。それはすこしずつ生まれて、熟成していくものかもしれない。石牟礼道子さんも、水俣にであって、『苦海浄土』を書くまでに20年ちかくかかっています。

たとえば、２０１１年4月から各地でおこなわれてきた反原発デモのプラカードなどをみていると、核に反対するときに人々がどんな言葉をつかっているのかがみえてきます。事故から1か月しかたっていない4月10日の「高円寺・原発やめろデモ!!!」ではすでに、「Atoms for Peace is Dead!」という、ほとんど冷戦後の世界史を要約したような、深みのあるスローガンがかかげられていました。

その一方で、昨年の夏ぐらいまでは、「エネシフ」も多かったし、デモの主催者内部で「脱原発か反原発か」でモメたりすることもあった。そういうものがしだいにそぎ落とされていって、その後もずっとかかげられていたのは、「原発いらない」「生きのびさせろ」「もうたくさんだ」「東電破綻」「電気より生命」「こどもをまもれ」など、非常にシンプルな言葉です。

これらの単純にみえる言葉が表現しているのは、感情のほんの一端にすぎない。単純さのなかに、深い不安や苦しみがこめられているし、注意してみると言葉が変化していっている。言葉に陰影が生まれている。人文科学は、そこをきちんとみなければいけないと思います。じつに多くの人がいろいろといいことをいっていたり、学習のレベルもそうとう高くなっていますから、知識人もそうとうのレベルのことをいわなくてはいけなくなってくる。これはたいへんなことですが、ほんとうにやりがいのある時代だともいえる。

教育・大学・知識人の未来

大きな規模で集団的な「回心」がおきる、「ぐるりとまきもどす」ということがおきていくなかで、教育も変わると思います。家庭教育から学校教育、高等教育まで。

今回のことでみごとに化けの皮がはがれた東大がその象徴ですが、既存のアカデミズム、既存の学者というものがダメだというのが、はっきりわかってしまった。「東大受験＝学校教育の頂点」というような神話が、完全に崩壊したわけです。もちろん一方で、東大にだって安冨歩さんのような学者もいるわけだけれど、そうしたことをみきわめるために、学者一人ひとりが本物なのか偽物なのかについての再点検がはじまるでしょう。

同時に、放射能との闘いをへて、みんな自分で勉強する方法をつかんだ。大学人よりも、2ちゃんで知識を開陳してくれている素人のほうが科学的、ということもあったわけだし。

アカデミズムの世界には、この期におよんでもまだ、科学にかんする意思疎通において「欠如モデル」で押しきろうとする学者がいます。いまはそれがまちがっていることをみんなが知っていますから、「欠如モデル」の学者はすっかり裸の王様になってしまっています。これは、いい意味での啓蒙主義思想の復活ともいえると思います。

◎「欠如モデル」は、たとえばある科学技術が社会で支持されないとすれば、その要因は大衆の知識の欠如であり、科学者が正確な知識を示して大衆を啓蒙することで技術が受け入れられるとする考え方。しかし、「欠如モデル」による統治的な啓蒙の方法は、社会にどのような影響をもたらすかわからない未知の科学技術（たとえば原子力発電）の紹介には適さない。科学技術社会論などの分野では、こうした欠如モデルの不完全性が指摘され、大衆と科学者が対話をつうじて科学技術を検証しあう「対話モデル」が提唱されるようになっている。

——ベタな表現だけれど、「民衆とともに歩む科学者」しか、みんなもう信じなくなっていますよね。個別の大学がどうという話を超えて、そういう科学者が増えてほしいし、増えていくべきです。

さきほど話に出た「市民科学」よりも以前、50年代にも、「民衆とともにある学問」という問題がありました。歴史学でも何でも、労働者に話が通じないようなのは学問じゃない、とかね。

それで、疲れてみんなやめちゃったんですよ。これはたいへんだというので。むずかしいところではあるんです、じっさいにやってみるとね。ただ、その葛藤をぬきにして学問はなりたたない。歴史学であろうが、物理学であろうが、民衆の葛藤を中心に据えてほしいですよね。

このことは原発事故以降、みんな深いところで理解していると思います。矢ヶ崎克馬さん、肥田舜太郎さん、早川由紀夫さん、武田邦彦さん、小出裕章さん、ほかにもたくさんの方がいる。細部を詰めていけば、それぞれ納得いかないことが出てくる場合もあるかもしれないけど、とにかくいっしょにやってくれた学者がいたことを、みんな実地に知っていますからね。

理工系・自然科学系の高飛車な姿勢があらわになり、信頼できる科学者があきらかになった一方で、社会科学系は社会科学系でおかしなことをやっている人がいっぱいいます。「安全」をアピールするくだらないパンフレットをつくったり。とりわけ、反原発運動にかかわっている左派のあいだで、その種のおかしさが顕著にみられます。池上さんが指摘されたような「やりがい」が、まだじゅうぶんに認識されていないという面もあって、そのせいで見当ちがいのことをしているのかもしれないけど。

――今回、基本的には大衆運動ですから、そういうおかしさが大衆運動のもつ力学にあぶりだされるということはあると思います。

緊急事態に直面したとき、問題をみきわめようと思ったら、まずは現実に何が起きているのかを把握する必要があります。そしてもうひとつ、ことがらを歴史的に考察する姿勢がもとめられる。知識人はこのふたつにとりくむべきでしょう。

そしてとりわけ人文系の知識人は、民衆のやっていることを肯定し、激励し、前にすすめる言葉を出していかなければならない。さきほどのプラカードの話のように、原子力は「いらない」という単純な言葉にこめられた意味を探らなくてはいけませんし、そのほかにもニュアンスにとんだ言葉はたくさんある。知識人はそれを敷衍したり、歴史的に考えるとこういう問題もある、といったことを補足すればいいわけで、余計なことをつけたす必要はない。もっとも、すでに多くの人がそれぞれに感じているように、これからの針路についてヴィジョンのちがいはあって、いずれはそこが問題になってくるのでしょうが、基本的にはそう思います。

「オキュパイ・ウォールストリート」でも、スラヴォイ・ジジェクやジュディス・バトラー、コーネル・ウェストといった、わりと有名な知識人が出てきて演説したりしていますが、みんな「きみたちを全面的に支持する」「いっしょにがんばろう」という以上のことはいいません。

まずは何よりも、「放射能は怖い、いやだ」という自己保存の表明、それだけでいいんだ、ということを、知識人が明言しなきゃいけませんよね。

知識人にもとめられているのは大衆を激励する言葉であって、現在のレベル7の状況は持論を開陳する場じゃない。たんに賢いふりをしたい人が、知識をひけらかす。

民衆は健全だからいいんですけど、一方で既存の大学は、大学人にたいして、賢いふりをするハビトゥスをもとめていたにすぎなかった。そういうことがあぶりだされています。ジャーナリズムに近いところにいる学者が、とりわけ「賢いふりをする」傾向にはまりこんでいると思います。

とにかく、大学人はこれから徹底的にふるいにかけられていくでしょう。いまだって、どんどん脱落していて、かなり「弾」がなくなっています。まあ、それで代替わりが進んで、ちゃんとした人だけが残るというふうになればいいと思いますが。

――大学がはじめから、そのような大学人だけを養成しようと意図していたわけではないのでしょうし、マスコミとの相乗効果という面もあったでしょう。じっさいにはそういう学者以外に、大衆とともにある学者もいたわけだし。ただ、一部でハビトゥス化していることは事実ですね。

ナショナリズムのたそがれ

他人との差別化をはかるとか、素性を云々するとか、そういう小さいことがどうでもよくなってきて、何をやっているかという実質だけをみるようになっているのも、変化のひとつだと思います。

たとえば計測運動でも、愛知県に住む高齢の女性が、千葉県の若い女性から送られてきた母乳を測定して、「セシウムが出てるんだ」といって激怒する。そういうときに、「どうしておばあさんがそんなことやってるの」とはだれもいわない。私が千葉の砂場を計測していても、「あんただれ、なんで測ってるの」といわれることはありません。

——放射能の問題が私たちのあいだに、すべてが関連しているという思いや意識を高めました。原発事故の直後、オーストラリアのアボリジニたちが声明を出したんです。「私たちのところの土から出たもの（ウラン）がこんな結果を引き起こして、申しわけない」と。かれらにとって、すべては関連している。この感覚はなるほどなという気がします。

尺度の消失によって、さまざまなセグメントがとっぱらわれて、平滑になっているわけです。

私は冒頭で、レベル7を闘ううえで、「3・11」と「3・12」をいっしょくたにしてはいけない、といいました。

しかし、現実には両者の複合があきらかに起きていて、そこで葛藤や膠着が生じ、むしろそれによってさまざまな欺瞞とハビトゥスがあぶりだされたともいえる。

そのなかで政府にとって致命的なのは、「復興」とか「地域をまもる」といったお題目でやることが、ことごとく裏目に出ていることです。そういうイデオロギーが人を殺すということを、みんなが認識してしまった。

これは、パトリオティズムやナショナリズムにとって致命傷となる打撃だと思います。みんな、国だの郷土だのいってるやつは嘘つきだ、やつらのいうこときいてたら殺されちゃう、と思っている。そういう認識がひろく共有されている。

——政府がほんとうにナショナリズムを大事だと思うなら、べつのやりかたがあったはずですね。やっぱり、資本主義と複合したナショナリズムというのはダメだと思います。

ダメですね。利権と金勘定ばっかりに気がいってしまってますから。ウクライナ政府のように、国民を強制移住させるなり、いくらでもできたはずなのに。

――現実には、政府がやればやるほど、民主主義が活性化されちゃっていますけどね。これを好循環といわずして何といおう。経産省前の座りこみも、けっきょく撤去できずにいる。これはやっぱり、人民に義があるということですよ。

負ける気がしないですね、今回は。

政府に何の説得力もないですからね。経産省のいうことなんか、だれも信じていない。しかもそれを、活動家とか運動家じゃない、ふつうの主婦たちがわかっていますから。「枝野かよ！」ってね。

――枝野官房長官（現、経産相）の「ただちに健康に影響はない」は、じつはまったく正しいんですよね。10年後なり、長期的にみれば影響は出ますよ、といっているのにひとしいのだから。時間差の権力です。そういう時間差を利用して、いまの権力は維持されているわけです。

知性と情動の大爆発

——よく問題にされることですが、ヒロシマの、「あやまちは二度とくりかえしません」の主語は何か。ふつうに考えれば、戦争への反省もこめて「わわわれ」ということになるのでしょう。でも、ヒロシマの人たちからすれば、矢部さんの話のように、主語は「人類」なんだと思います。反米派をはじめ、アメリカを名指さないことに不満のある人もいるだろうけど、これは深い思想です。

最近ではジョルジョ・アガンベンも、「なぜ、ヒロシマ、ナガサキの悲劇を生きてきた国が50基もの原子炉を建設できたのか？　私にとっては今も謎のままだ」といっています（『毎日新聞』3／24インタビュー「壊れゆく『資本主義宗教』」）。外からみるとそう思うのはとうぜんでしょう。また事実、多くの人が3・11以降その問いに答えようと考えている。それは戦後を考えるうえでも、日本の近代を考えるうえでも本質的な問いです。でも、いろいろ文句はつけられているのだけど、ヒロシマが「くりかえしません」といったことの意味は何なのか、という問いは残ると思うんです。それがヒロシマの思想なんじゃないか、と。

そういうことが、やっとわかってきた。

そして、そうした肯定的な意味でのヒロシマの思想が、これまでどうやって封じこめられてきたのか、という問題も考えるようになった。朝鮮戦争のときにどうやって祈念式典が封鎖されたかとか、そういう歴史もきちんとみていかなければいけない。

深々とした思想とか、言葉に尽くせないような怒りや悲しみの感情、端正な文章にはとうていできない自己保存の欲望といったものが、平板な「祈り」に封じこめられてきた。いま広告代理店をつかって大規模に展開されている「絆」キャンペーンも、その一種でしょう。

たとえば最近も愛知で、若い人たちを中心にロウソク集会をやろうという話が出たんですが、かれらが反原発・脱原発というスローガンぬきで、ロウソクだけやりたいというので、私は怒って反対したんです。

——ロウソク集会は好きだけど、やるなら「原発いらない・怒りのロウソクデモ!!!」にしないと。

そういう発想にも、「3・11のみ」にすがりつく姿勢が感じられる。やっぱり、「3・11と3・12のあいだの葛藤」を避けては、議論はできないのだと思います。このせめぎあいからでないと、話ははじまらない。

今年（2012年）の3・11のデモでも、「追悼か怒りか」というのが議論になりました。午後2時46分にいっせいに黙禱をやるかやらないか、とか。最終的には個人の勝手で、「おまえ何で黙禱しないんだ」なんてだれもいわないのですが、とにかくデモひとつとっても、祈りと怒りの両方がつねにあるのが現実で、そこにせめぎあいが生じます。

自然災害と公害事件が入りくんだかたちで、国家暴力、あるいはもっとふみこんでいえば社会の暴力によって、人間が被曝させられている。この事態を受けて、社会の暴力というものの複雑さをみんな理解し、社会学的に分析しています。

――科学、歴史学に加えて社会学。すごいことですよね。

結論は、「東電つぶせ」「米倉死ね」なんだけれども、複雑さも同時にとらえている。単純にただ祈ったり、怒ったりしているのではない。この1年、すさまじい知性と情動の大爆発が起きているんです。

――ひさびさに、思想というものを考える季節だなと思いました。こういう思想のありかたをずっと忘れていた。というか、なくてもやってこれていた。さきほどもいったように、戦後すぐの10年くらい、思想と情動がかみあっているかにみえた時期がありました。それが消えてひさしかったんですね。

これまで「思想と情動はかみあわなくてよい」というタガがはめられていたものが、いま、フクシマをへて解除されたんだと思います。

――それがさっきの言葉でいえば、大回心ということでしょう。でも、それで事態が解決するわけじゃない。放射能も消えない。

そうですね、放射能は残る。

だからこそ、大回心や知性・情動の大爆発をよろこばしいものとして受けとめながら、一方で激しい焦燥感もあるんです。気をゆるめられない。「レベル7」という事態に対処しなければならないのに、福島にはあいかわらず人が住まわされているし、もたもたしていると、どこかの原発を再稼働されてしまうかもしれないですからね。

「原子力の夢」のツケを払わせる

すこし話がもどりますが、国家は、なぜ核をもちたがるのでしょうか。

その動機は戦争だけではなくて、もっと内発的な理由がある。つまるところ、核武装でも平和利用でもどっちでもいい。とにかく核をもちたい。原子力は、国の発展のフレームを決める行動綱領だったのです。

殺戮のパワーや外交的パワーとは別の次元に、原子力そのものがはらむ「夢」というものがあるのだと思います。原子力都市が崩壊しようとしているいま、その夢のありかたを問題にしなければなりません。この100年、資本主義が奉じてきた科学観や経済発展のフレームは、いったいどういうものだったのか。それはほんとうに正しかったのか。それはだれのための夢だったのか。「原子力の夢」というものを切りだして、その夢のツケを、しかるべき人たちに払わせなくてはならない。

社会主義の歴史も、この「原子力の夢」の外側に立つことはできません。レーニンは「共産主義とは、社会主義＋電化である」といったくらいですからね。帝国主義も社会主義も、一定の工業的・経済的発展をもたらしましたが、チェルノブイリやフクシマが、その発展を導く綱領のいびつさを照らしだすことになった。

——「原子力の夢」は、『鉄腕アトム』に具現されているような、経済発展と正義がともに実現するような社会への夢だったわけですね。

しかし、「電化」については、むずかしい問題もあるのではないでしょうか。さきほど、インドの反原発運動は土地闘争の要素が強いという話をしました。インドではダムひとつ建てるだけでも、何十万人以上の規模で立ち退きをさせられます。原発もダムも苛烈な土地収奪をともなうわけで、反対運動には心から共感します。ただ、一方で、あのものすごい人の数をまのあたりにすると、巨大な人口をかかえる国や地域では、「電化」もあるていどは必要なのではないか、と思ってしまうのですが。

ただ、電化のさいにも、わざわざコストパフォーマンスの悪い原発でやる必要はないということが、いまや明白になっているわけですよね。すると、そうした経済問題とは別の次元の問題が浮上してくる。「原子力の夢」の、社会的・政治的な次元の問題です。

現代社会は、たんに電力を必要としたというのではなくて、必要を超えた、ケタ外れの、巨大なパワープラントを要請したのです。原子力資本主義／原子力国家は、その上部構造を支えるひとつの綱領として、巨大なパワープラントを必要とした。だからこそ、この狭い地震列島に54基もの原発をつくったわけです。その思想は何なのかということを切開していかないといけない。問題は、原子力技術だけではなくて、その技術を要請した思想なのです。

「生産」をめぐる思想を問いなおす

私がいまテイラー主義を問題にしようとしているのは、帝国主義国家であれ社会主義を経由した国家であれ、近代の産業社会（産業資本主義）が共通して依拠してきた思想的な基盤を問いなおす必要があるからです。

つまり近代・現代の人間は、生産をどのように考えてきたのか。人間のどのような働きと成果を、「生産」だと考えてきたのか、そのイデオロギーを検討しなければならない。

これはいいかえれば、資本主義的生産様式を批判するときの、批判の深度が試されているということです。

いま各地で放射線防護活動がおこなわれていて、民衆の「新しい科学」によって、こどもの疎開から計測運動まで、膨大な規模の情報収集や文献翻訳がすすめられています。みんな手弁当で、もちだしでやっている。こうした民衆による活動が社会に問うているのは、私たちの（あなたたちの）やっていることは生産ですか、「生産」を何だと考えているんですか、ということだと思います。

こどもが食べる給食の食材を調べる、そのサンプルをとりよせて自主計測をする、その数値を給食センターに示して、つかわないでくれと意思表示をする。ほんらいは保健所がやるべきことを、保健所がグズだから、民衆が自分たちで活動を組織し、実行している。

これは、まごうかたなく「生産」ですよね。こういう働きこそが生産と呼ぶべきものです。こうやって、ほとんど専門教育を受けていない主婦たちが、放射線防護活動の主力を担っている。では、保健所は何をやっているのか。何もしていません。無能です。かれらは生産に寄与しないフリーライダーであり、税金泥棒といわれてもしかたがない。

レベル7の状況下では、このように「生産」をめぐる思想があぶりだされてきます。現代の分業社会のなかで、だれが重要な生産を担っていて、だれが働かないごくつぶしであるかが、はっきりと問われている。テイラー主義のいう「科学的分業」が、どんなごくつぶしを生みだして、社会に寄生させてきたのかが露呈するのです。

放射線防護活動にみられる生産活動は、「サブシステンス生産」（商品化がおよばない領域でおこなわれる生活経済活動）と呼ばれてきたものです。それはほとんど無賃労働で、シャドウワークです。ほんらい、こうした働きにこそ報酬が支払われるべきだし、必要な資金が投入されなければならないはずです。

しかし現実には、われわれにはカネがまったくまわってこなくて、原発を爆発させた無能集団がいまだに巨額の報酬を受けとっているわけです。「家事労働に賃金を」というマテリアル・フェミニズムの思想が、レベル7の日本であらためて提起される必要があると思います。

レベル7における放射線防護活動が暗示しているのは、こうしたラディカルな次元での分業批判であり、「生産」様式の批判であり、資本主義批判なのです。

「複雑なことを考える」ハビトゥス

日本の大学生について、よく「学力低下」が問題にされます。それは、たんに成績がいいとか悪いというのではなく、思考の減退といったほうがいい。海外の大学生や帰国子女と比較しても、あきらかに力がない、考える力が足りない。じっさいに大学生に接すると、ほんとうに考える力がなくて、違和感を超えて異様な感じすらするときがあります。

大学生の思考が減退してしまっているのは、教育現場の問題でもあるし、教育活動をとりまく社会的環境の問題でもあるでしょう。

背景としてひとつ考えられるのは、一次産業や商工業などの自営業者がいちじるしく減少したことです。自営業者がもつ「考えるハビトゥス」が、絶滅しかけているのではないか。

親が公務員やサラリーマンである場合、こどもが「考える習慣」をもつのはむずかしいですよね。こどもが「考える習慣」を身につけるのは、いっしょに生活する大人がそういう習慣をもっているからです。ロールモデルとなる親や身近な大人たちが、「いつも考えている人」であれば、こどももそれをまねて、「いつも考えている人」になるでしょう。

農家とか漁師とか、職人とか、家が商売をやっているとか、そういう家庭では、大人たちはいつも何か考えています。短期的なお金のやりくりから、中長期的な商売の見通し、イチゴが儲かるらしいときけば、イチゴ栽培に必要な資材とノウハウを調べて、実現できるかどうか、えんえん考える。自営業者というのは、家に帰ってからも自分の仕事を忘れられない人たちです。つねに複雑なことをあれこれ考えている。

じつは、この問題の根底にも、テイラー主義の弊害がある。

テイラー主義では、自営業者のような「複雑なことを始終考えている」人間像は想定されていない。「肉体」である労働者が考えることはない、というか、テイラー主義はそれを許さない。

そして、テイラー主義を拡張したフォーディズムでは、生産現場だけでなく再生産の現場にも、この管理方法が敷かれていった。労働者は、仕事が終わったら家に帰ってテレビでも観ていればいい、ということになった。こうして、ただ就業時間中に肉体を動かすだけの、標準化された人間が生みだされていった。

複雑な思考をしない労働者が代を重ねていって、その第二世代、第三世代が、いまツケを払わされているわけです。そのこどもたちは、学業においても思考においても圧倒的に不利です。そもそも「自分の頭で考える」ということがどういう状態なのかを知らない。「考えることをしない」ということが、どれほど深刻な事態であるかも、きちんと受けとめられていないように思います。

さらにポストフォーディズムの時代に入ると、アップルなどのような、主体を喰いつくす「究極のテイラー・システム」が敷かれていく。生産性をいちじるしく低下させ、のどから手が出るほど「即戦力」をほしがっている財界・産業界・企業社会は、大学に「もっと産業に役だつ若者を育てよ」と指令しはじめる。片腹痛いとはこのことです。テイラー主義によって、「考えるハビトゥス」を根こぎにしてきたのは、自分たちなのですから。

大学という場所は、学校とはちがいます。自分の頭で考える習慣をもたない人間をどれだけ集めても、そんなものは大学として成立しない。大学が大学としてあるためには、まず大学生であろうとする人間がいなくてはならない。

ゼロベクレル派に賃金を

そして、これははっきりと確認しておきたいのですが、これまで、大学が学生たちの「考える力」に依存してきたのであって、その逆ではないんですね。学生たちが、家庭教育や社会教育によって、思考の力を蓄えていたからこそ、大学は知的活力にあふれた場所となっていたわけです。それがいま、ことごとく失われ、砂漠のようになってしまっています。大学は、企業社会の指令に諾々としたがい、企業社会の身ぶりをまねることで、みずから知的環境を破壊しているのです。

今回の放射能拡散問題についても、現代の大学生がどれほど保守的で、政府に従順かということがあきらかになりました。自分たちのキャンパス内を計測して、学生部と交渉しようなんて話は出てこない。それはとうぜんともいえます。彼ら彼女らがもとめているのは、知的な興奮とか実験的な作業とか、仮説を闘わせることではなくて、公務員になることなのですから。「安定した」役所や政府系機関に就職することを望み、そのような職業につくことを「キャリアデザイン」だと考えている若者が、政府見解に疑いをはさむわけがない。
残念ながら、いま大学という場で支配的になっているのは、自分の頭で徹底的に考えるというハビトゥスではなくて、「専門家」が線引きした規則にだまってしたがうというハビトゥスです。大学は、そうした平板な人間を再生産する場所になりさがっているのです。

――ほんとうに「考えなくても生きていける」社会が可能なら、けっこうなことかもしれませんよ。しかし、人間、それで60年、80年生きていくことはできない。放射能が降ってくることもある。問題は、そのときどうするかだと思います。そのときに手も足も出ない社会ではなかった、ということになりませんか。放射能学習、デモ、計測、翻訳と、さまざまなものが、だれに教えられるわけでも引率されるわけでもなく、いきなりたちあがったのですから。もっともそこに至るまでに反原発運動はもちろん、公害闘争などの長い歴史があったのはいうまでもないことですが、「自分の頭で複雑なことを考える力」が、私たちそれぞれのうちにちゃんとあったのだといえませんか。

それはそのとおりだと思います。ただし、そうした知性は大学や研究所ではなく、民衆のなかに潜在していた。「想定外」とよばれる事態であっても、いちはやくそれに対応していくタフな知性が民衆のなかにはあった。

だから、私がいいたいのは、「われわれにカネをよこせ」ということです。「家事労働に賃金を」、「ゼロベクレル派に賃金を」です。

大学の常勤教員のなかには、年収1000万にもおよぶ人がいます。かたや、全国各地で計測運動をやっている人たちは、みんなもちだしです。とんでもない規模のボランティアです。それによって250万件ものデータが記録されて、放射線防護の今後の研究にそなえて着々と活動が展開している。いま私たちの行動の羅針盤としてもっとも頼りになる空間線量地図も、食品工場やゴミ焼却場の立地情報もすべて、民衆の活動によって生産されたものです。教育予算、研究予算、ぜんぶこっちによこせといいたいですね。

——そういう社会的不均衡の問題は、これから焦点となっていくでしょうね。ただ、いま計測運動をやっている人たちが欲しいのは、賃金ではなく、機械ですよね。もっといい機械が欲しい、1000万とか2000万もするゲルマニウム半導体測定器が欲しいとか。カネをだすのがいやなら、せめて機械そのものを支給してくれということです。

そして、計測の権限ですね。公園や校庭や給食など、こどもの生活圏全般にわたって計測する権限が欲しい。レベル7下の混沌とした状態を把握しうるのは、民衆による計測運動だけなのですから、おかしな管理権をふりかざしてじゃまをするな、と。われわれに管理権をよこせ、といいたい。

「古い経済学」にもとづく白色テロ

政府は「復興」を盾にとって、消費税増税をもくろんでいます。ＴＰＰ（環太平洋戦略的経済連携協定）も、うまくいくかどうかわかりませんが、ともかく何としても加盟しようとしている。そうした政策の背景には、ＩＭＦの介入があったと考えられます。

――日本の消費税にかんして、ＩＭＦは２０１０年7月に「提言」、つづいて11年7月に「勧告」を出しました。それを受けるかたちで、野田政権は11年11月にまず国際公約を発表し、そのあとで12年3月末に閣議決定をおこなっています（参院では否決されたが衆院は通過）。「提言」も「勧告」も、命令ではありませんから、厳密にいえば介入ではなかったのですが、政権は命令として受けとめたふりをして、先に国際公約を出したのです。

私は、野田内閣を「投資呼びこみ見せかけ内閣」、あるいは「外面ええかっこしい内閣」と呼んでいます。原発事故はもう収束しましたよ。消費税も上げるし、TPPにも加盟します。国際経済を壊したりしませんよ、ということです。そして世界もそれを支える。

その裏で、長期的に何がもくろまれているのかはわかりませんが、いまのところはともかく、原発事故・震災復興とのかかわりで、政権はIMFを利用して投資を呼びこもうとしていますね。


そのうえ、2012年の4月半ばには、日本がIMFにたいして、600億ドル(約4兆8000億円)もの追加拠出をおこなうことが発表されました(2012年4月17日、安住財務相の記者会見での発言)。消費税アップによる増収は、1パーセントあたり2兆円といわれていますから、3パーセント増税されれば6兆円です。消費減速などによる最終的な減収を考慮すれば、まるごと1年分の消費税増収分が、IMF体制を救うためにつかわれることになる。

これも、「危機」をつうじて資本が肥え太る、ある種の災害資本主義といえます。ヨーロッパ経済が、日本経済が破綻するんだぞ、と脅して、「危機」を利用して新自由主義政策がおしすすめられる。

——２０１２年10月には、ＩＭＦと世銀の合同総会が日本で開催されます。まさにショック・ドクトリンの焦点が日本にあたっている。しかし、野田内閣は「危機は去った」というスタンスですから、裏ショック・ドクトリンともいえるかもしれません。
　いずれにしても現政権には放射能を何とかする気はまったくないし、逆に「安心・安全」を装うのにけんめいです。

日本経済の「頭脳」たちは、この被害を被害としてみとめようとしないでしょう。ところがそれは外面だけで、じっさいの経済も生活も恐慌の様相をおびている。「頭脳」が「平和な日本、安全な東京」というスペクタクルを演出しようとやっきになっている一方で、人間はみえない放射能に侵されていく。しかも、被害ははっきりと言明されず、官僚がつくる書類には特殊な符丁とか隠語で書かれるわけです。外に向けては徹底して、「平和な日本の日常生活」をみせていく。まさにスペクタクルの社会です。

放射能災害の特徴は、みえにくいこと、証明がむずかしいことです。急性被害で多くの人がバタバタ死んでいくのでなく、人知れずじわじわ死んでいく、5年、10年先の晩発性の健康被害が圧倒的です。だから「頭脳」の側では、「ないようなふりをする」ことができる。しかし、ほんとうに無関心を貫きとおすことが可能なのでしょうか。

——ほかにやりようがない、というか、ほかにやりようがあるかもしれないとも、思っていないのではないでしょうか。現政権が、これでいいかどうかの判断をしているとは思えません。一方で、経済にしても基地問題にしても、アメリカやIMFや投資家たちのプレッシャーは並大抵ではないでしょう。政権にとっては、そちらのほうがリアリティのある問題なのかもしれない。

民主党現政権についていえば、どうせいつかは崩壊するでしょう。ただ、その崩壊のしかたと、つぎにくるものが問題です。鳩山があまりに民意を考慮しすぎたので、その反動で菅は民意と距離を置こうとした。ところが原発事故が起こり、考慮せざるをえなくなった。その菅政権をつぶして登場した野田は、いっさい民意をかえりみず、もっぱら外向きに政権を運営しています。

これだけ民意を反映しないと、ものすごい不満がたまります。民衆は、直接民主主義の力をみなぎらせています。運動によって「あと1基」まで原発を停止に追いこみ、自分たちの力を自覚してもいます。しかし国政のレベルでは、それがいっさい反映されていない。この期におよんであいかわらず再稼働が画策され、「食べて応援」、「絆でがれき処理」をおしたてている。これは非常に危険な状態です。その間隙をついて出てくるものが問題になってくる。

いま、薄く、ひろく、ある種のテロリズムが日本全体を覆いつつあるのではないでしょうか。

「放射能の被害を訴えることは、東北・関東の、ひいては日本の経済を破綻に導くことになる。ＧＤＰを維持するために、放射能については騒いでくれるな」――そういう社会的圧力が、みえないかたちでくわえられている。

つまり、「古い経済学」にもとづく白色テロ（反革命側、体制・為政者側がしかける恐怖政治。フランス王国のシンボル「白百合」から）です。

じっさい、原発事故から半月たった２０１１年3月末、当時財務相だった野田は、原子力災害対策本部会議で、東電の株価急落を心配し、「（東電を）弱める発言は控えてほしい」などとのべていたのです（２０１２年4月15日報道）。

「放射能よりもっと怖いものがある」と脅す、こうした白色テロによって、ほんとうに怖がるべき放射能から目をそらされてしまっている。

このような状況だからこそ、私は日本経済の中心地である東京からの退避を呼びかけたいのです。失うものがあるから怖いのであって、そんなものはこのさい捨ててしまえばいい。

すでに東京から逃げた人たちは、日本経済がもつかもたないかなんて知るか、壊れてしまえ、と考えています。だから放射能のほかにはなにも怖がっていない。これはいわば、テイラー主義／テイラー・システムを破壊する思想です。そういう人たちがもっともっと増えてほしい。

たとえば生協も、支部によって異なりますが、ゼロベクレルは不可能だとか、あるていどつきあっていくしかないと考えている、ドイツの政治派のように放射能を容認する団体もあります。そういう生協は、自分たちが構築した流通システムと、それが生みだす巨大な経済が壊れることを恐れているからです。でも放射能難民は、そんなことまったく意に介さない。

ＩＭＦの介入、裏ショック・ドクトリン、白色テロ。原発があと1基という状況にいたってもなお、テロル状況は継続中です。「原子力の夢」は崩れさったというのに、まだ堅固に残っているかのようにふるまっている。

原子力都市の残滓は、残滓という以上の強力さをもって、この社会を覆っている。この状況の総体を考えると、これはひとつの社会戦争だとあらためて感じます。

厄介な仕事が残される

──ゴルバチョフ元大統領の、「ソ連崩壊の真の要因はチェルノブイリだった」という主旨の言葉（『ゴルバチョフ回想録』新潮社）と同じことが、フクシマ後の日本でも起きようとしているのかもしれませんね。

国民国家が形骸化して、そのまま潰れればいいのですが、力学的にみればかならず反動がくる。形骸化して、みんなバラバラになって、めいめい好き勝手にやる、という状態は、望んでも現実にはなりそうにない。スカスカになった国民国家の張りぼての空隙を、何かが埋めてくるのです。その「何か」が、ファシズムなのか、あるいはさらなる新自由主義なのかはわかりません。今後、どのような力学がはたらいて、どのように変化していくか。そしてもし悪いほうに転びそうになったときに、民衆がそれをいかにコントロールできるか。そして「国家」はその声をきくことができるかどうか。そのとき、私たちは想像以上に大きな敵と闘っていたことがわかるでしょう。

ものすごくハードな局面が出現すると思います。

アジア経済も変わるでしょう。「ＡＳＥＡＮ＋３」（東南アジア諸国連合＋日本、中国、韓国）は、いまや牧歌的な響きをもってきこえます。今後の頭脳流出も考えると、東京はもはや、アジア経済のハブではありえなくなる。それでも、日本は「3」の一員だという外面をたもちつづける。国内では白色テロのもとで、やっかいな膠着状態が保存されたまま、「ASEAN＋3」がアジアの資本主義のフレームを再編していくのでしょう。

くわえて、先行きは不透明ですがTPPの問題もある。経済の激変にともなって、これまでのソリッドな国民国家の枠組みのなかで生きてきた人たちは、保護を失い、荒海に投げだされます。

悪くすると、日本は文字どおりの夜警国家になる。海賊になりきれずに、日本列島に残された人たちは、たいへんな負担をこうむりながら、じめじめとした生活をつづけていくしかない。政府は「日本経済は健全です」と、外に向けて喧伝しつづけるけれども、その内実は悪い意味での「無政府状態」です。

じっさい、すでに夜警国家に足をふみいれているともいえます。この1年、警視庁も検察庁も完全に、露骨に夜警化していて、これだけの大事件が起きているのに、東電の幹部をだれひとり逮捕しようとしないし、家宅捜索すらしない。東電は罪障隠滅しほうだいです。

行政の状態も悪化しています。私が参加している市民測定所には、各地から測定依頼の電話がかかってきます。そこで細かい事情を聴いていると、依頼者の半分ぐらいは、保健所からたらいまわしにされて電話してきているんですね。「保健所に電話したら、うちでは検査できないと断られて、この電話番号を教えてもらった」というんです。

これは笑い話のようでいて、まじめに考えると恐ろしいことです。こうした行政機関のネグレクトが常態化することで、「無政府状態」に拍車がかかる。

――理想的には、現在ボランティアで計測などをやっているグループが、公的にきちんと位置づけられて、お金の問題もふくめて、地方行政がそれを制度化していくべきでしょうね。

がれき問題で発揮されているような、地方行政のまともな部分だけが、いまのところ救いであり、希望ですね。

徳島をはじめ、がれきを拒否した自治体のなかには、原発立地を阻止した地域もふくまれています。「54基もある」というと、全国に散らばっているかのように錯覚してしまいますが、地域でいうと、数えかたにもよりますが14、15か所ていどです。民衆と、その意思を反映した自治体が、原発をはねつけてきた歴史がある。そう考えると、希望がわいてきます。

——がれき民主主義にしても計測にしても、学習と反対運動をつうじて、みんな自分の科学的・歴史的・社会的・世界史的な位置を認識していっています。すごい力をつけている。実際、この計測運動の射程は、人が思っている以上にひろいものです。日本の戦後史全体はいうにおよばず、世界史全体にその射程と実践的意味がひろがっていくたぐいのものだと思います。この力を、「新しい科学」によってだいじに開花させて、民衆の力で新しい制度や組織をつくっていくよう働きかけていくしかないのではないでしょうか。

地方の活性化とか、いろいろないわれ方がありますが、日本だけじゃなくて世界的にも地域、ひいては地図の書きかえが大規模に起こりかけている。地域という概念の根本的な見直しもはじまるでしょう。またこのかん、東京を例にとれば、東京新聞を応援する人が増えている。他の地域のことはまだよくわかりませんが、地域のメディアのあり方も変わりつつある。

フクシマ後の日本で、民衆の社会的想像力がすごく活性化されていることは、ほんとうに大きな希望です。

ただ、そのなかでもすぐれた頭脳は海賊化していって、香港、上海、シンガポールといったアジア圏に流出していってしまうでしょう。そうすると、日本列島に残された人たちはどうなるでしょうか。

実態がどうであれ、国民国家の形だけは残されているから、国家なんかもうないんだ、みんな勝手にやろう、というわけにもいかない。そんな宙づりの状態のなかで、鬱々と生きていかなければならない。そして、なんとかして生活できる環境にするための、めんどうな仕事を担わなければならない。原発のはてしないバックエンド事業、放射線防護、各種の評議会やネットワークをつうじたサブシステンス経済の仕組みづくり……そういうものを構築して夜警国家と対峙する、あるいは調整・補完する仕事だけが残されるのです。

——原発のあとしまつは、じつに憂鬱な課題ですね。事故で停まった原発もふくめ、すべての原発の燃料を、半減期まで長い長いあいだ、冷やしつづけ、厳重管理していかなければならない。

燃料棒をぬいて、プールに入れて、ひたすら水を循環させて。ちょっとでも漏れたら終わりだから、神経をすりへらすメンテナンスを何千年もやっていくことになります。建物もそれほど長期間はもたないでしょうし、メンテ、改修、修理のたびに被曝が拡大しつづける。

20年、30年の耐用年数をもった燃料プールをつくって、耐用年限がきたらまた新しいプールをつくって。使用済みのプールの処理もたいへんです。壊せば放射性廃棄物の処理という問題が生じるので、そのまま石棺化して放置するしかない。使用済み燃料プールの残骸が累々と並べられていく。54基分の廃炉で出た大量の放射性ゴミの置き場も考えないといけない。日本各地に「原発遺跡」が散在した光景が浮かびあがってきます。

ただし、ここまでだいぶ暗い見通しばかりのべてきてしまいましたが、じつはけっしてそれだけではありません。

さきほど、被曝地帯で何もなかったかのようなふりをして「日常生活」をおくることを、それじたい不払い労働としてしりぞける「収束の拒否」の思想が、私たちにとって抵抗のひとつの可能性であるとのべました。

レベル7の世界において、収束の拒否、退避・移住という民衆の実力行使は、「核をもつ国家」にまっこうから対峙する力となりつつあります。何よりも、この点に希望をみいだしていかなければなりません。

「社会」を書きかえる

これまで、テイラー主義とフォーディズムについて話してきました。私は社会科学の人間だから、こういう用語をつかって話したわけですが、どういう用語で分析するかというのはあくまで便宜的な問題です。

重要なのは、歴史の地層や社会制度の地層の非常に深いレベルで、ある疎外が意識されようとしていることです。それを表現するのはどんな言葉でもいい。

たとえば、「うちの旦那がちっとも話をきかない」といったような、とてもミクロな次元で深い考察がなされ、発見がある。非常に深い地層から、現在の状況を惹きおこした制度や習慣やイデオロギーが対象化されている。私が1年前に、「私的なものの回復」がはじまると書いた（「東京を離れて」、『現代思想』２０１１年5月号）のは、こういうポテンシャルの解放をさしたものです。

——まずそれぞれが個人になって、分子化して、いったん封建的・家父長的な枠組みをはずれる。つづいて、グループ化、集団化する。この過程は同時に起こってもいるのでしょうが、これがおもしろい。

いったんみんな異端者、レネゲイド（背教者）、裏切り者になって、そこからあらためて仲間をみつけていっている。分子革命がすでに始まっている。

この30年、40年のあいだ、「個の自立」だとか何だとか、さかんにいわれてきたわけですが、何だか笑えます。「個の自立」なんてことを説教していた人間が、いざこの事態になってみると、コミュニティだの郷土愛だの、逃げちゃだめだのといっている。あんたら、どんだけ社会に埋めこまれてんだよ、と。一方でそういう言説が完全に乗りこえられていて、みんな最初から自立しちゃっていたのですから。

——人間、危機に直面しないとほんとうには思考しないということもあるのでしょう。危機それじたいはちっともいいことじゃないけれど、それによって一瞬、これまでの議論がおしゃべりにみえるということはありますね。

それから、計測でもデモでも、運動をつうじて多くの人たちが、「私の住んでいる地域には、120年前に自由民権運動があった」とか、「50年前に反核運動があったらしい」とか、地域の歴史を掘りおこしているのがおもしろいですね。人間が力を出すとき、運動の主体となるときには、目の前にある問題に必死でとりくむと同時に、伝説とか歴史にたちかえるのだなと思います。

それはシンプルにいえば、昔の人に勇気をもらうということなんだけれど、たんなる回顧主義ではない。そこには何かもっと深い、主体的歴史の発見というようなところがある。


民衆の「科学」は、歴史や伝説と切りはなせないものです。テイラー主義に代表されるような「古い科学」は、歴史をそぎ落としてきました。社会科学の領域でも、そうした没歴史的な態度が蔓延していた。それがフクシマをへて、急速に復権しています。

複雑さに向きあったとき、民衆科学のなかで発見される「とりとめのなさ」は、主観によってものごとをとらえる態度からきているのではないでしょうか。歴史でいえば、「正統な」歴史学の立場からは「そんなのは都市伝説みたいなものだ」といわれるような逸話を、どこからともなくひっぱりだしてくる。このような主観性にもとづく「新しい科学」は、立場とか、専門とか、これまで「古い科学」が敷いてきた枠組みを吹きとばしてしまいます。自然科学、歴史学、経済学、政治学、社会学、社会政策学、行政学……あらゆる領域が、民衆科学の凶暴な主観性によって再編されていくことを期待しています。

これは、科学の文学化とでもいうべき事態です。学者でも何でもない素人たちが、複雑系の重要性を論じるレポートを書くときに、魯迅を引用するといったことがありうるのです。「詳細は『狂人日記』を参照」などと注をつける。空想でも何でもなく、これが現実になる予感があります。

――放射能被害にかんする論文の冒頭に、「植木枝盛もいうように」とかね。そのように、歴史、文学、科学がミックスされたものの総体が、「民衆による新しい科学」ということですね。

そうした「科学の文学化」が起きているなかで、これまで「文学」とみなされてきたものも、正念場を迎えることになるでしょう。

こうした「新しい科学」によって、最終的に、「社会」そのものの書きかえがはじまるはずです。昨日まで存在しなかった社会が生まれる。それは、資本主義経済の補完物とされてきたような、これまでの「社会」とはまったくちがうものです。したがって、従来の「社会変革」の議論では予測のつかないことが、どんどん生起していくでしょう。

現在、人々が過去の出来事に「回心」しているのも、そこに何かしら変化に向けた発明がみいだせたからです。昔の人が、当時の状況を変えようとして何らかの発明にとりくんだ、その方法を参照しているのではないでしょうか。

たとえば、かつて民族解放闘争がもっていた革命的性格とは何だったのか。それは、古い「民族」を終わらせて、昨日までは存在しなかった新しい「民族」を構成することだった。民族解放闘争とは、それによって民族の概念を書きかえる運動だった。

そうやって、じっさいにいくつかの国で「民族」が書きかえられていったのと同様に、われわれの「社会」も、書きかえることが可能なのです。それは古い「社会」の概念ではまったく認識できない、私たちがこれまで生きてきたのとは完全に異なる社会となるでしょう。


――人文科学、社会科学が、その議論をどんどん深めていってほしいですね。

野生の生活者

くりかえしますが、放射能による健康被害は、確実に短命な人々を生みだします。もっと長いスパンでみれば、遺伝子レベルの障害は種としての人類を損なっていきます。「頭脳」の人たちは別にして、ふつうの人はこの悲劇的な事態を等閑視することはできません。じっさい、運動の主体は若年層だけではなくて、いわゆる「生殖年齢」をすぎた人たちもおおぜいかかわっています。

レベル7の苛烈な状況のもとで、民衆は「人類」の視座をよみがえらせ、自分に健康被害が出ようが出まいが、いやなものはいやだと考えたのです。

統治や管理の思想が現実にうまく対処できないことは、テイラー主義の話であきらかになったと思います。じつは、みんながそれぞれの主観にもとづいて自律的に行動しているほうがうまくいく。

これは、司令塔のない行動の様式です。司令塔がなく、だれも統括していないからこそ、秩序がつくられる。テイラー主義からすれば逆説的でしょうが、これが民衆運動のひとつの真理でしょう。

ふだん意識しなかった「環境」、忘れていても何とかなっていた「環境」というものが、ある日、壊されてしまう。「保健所がやってくれるはず」といった社会的な期待が裏切られる。「環境」をはぎとられ、複雑な世界に投げだされる。

そのとき私たちは、ただ放心したり嘆いたりするのではなくて、自分のなかに潜在するある力を発見したのです。資本主義や、国家や、「日常生活」のスペクタクルによって、ふだん抑圧されていたものが、いっせいに開花し、爆発した。

構築された「環境」をはぎとられ、むきだしの「世界」に投げだされたとき、私たちのなかに還ってきたものは何でしょうか。自己保存の力と、それを肯定する意志です。

それは、ひとりの人間が自分の生命とありようを保存するという「小さな自己保存」のなかに、人類という巨大なスケールで命脈を維持しようとする「大きな自己保存」が包含されているということでもある。

もう、政府や広告代理店が何をいおうと、この力を鎮圧することはできない。

「レベル7」が意識化されることで、自己保存の力が覚醒し、「反社会」が昂進している。多くの人々が、冷淡に「社会」を突きはなし、「社会」を裏切ろうとしているのです。

放射能を食えというならそんな社会はいらない、という意志が生まれている。

これはもうわれわれが知っていた人間ではない、何か別のものです。

私たちのなかに潜在していた存在と行動の様式——真の生産をなす者、裏切り者、発明家、魔女と海賊、つまり野生の生活者——が、レベル7において目をさましたのです。

あとがき

東京電力福島第一原発の爆発から1年あまりが過ぎました。

あの日、小学3年生の修了式を控えていた娘は、5年生になりました。手も足もすらりと長くなり、東京から持ってきた靴や衣類も徐々にとりかえていかなければならないほど大きくなりました。

新しい学校で、娘はひとりだけ友達ができました。ほのかちゃんという女の子です。転校してすぐに「放射能を逃れて東京から引っ越してきた」と説明したとき、ほとんどのこどもはそれを真面目にうけとることはしませんでした。こどもばかりか大人も含めて、この問題を真面目に考える人はいませんでした。そのなかでただひとり、放射能を現実的な問題として理解する女の子がいたのです。それが、ほのかちゃんです。彼女は、アレルギー性のぜんそくをもっていたためなのか、この問題の深刻さを直感的に理解したのです。その日から、娘とほのかちゃんは大の仲良しになりました。

爆発から半年以上が過ぎ、原発問題が風化しようとしていたころ、学校の授業参観がありました。そこでは、集まった親たちが聞くなかで、こどもたちのグループ研究が発表されました。「生物多様性について」や「地球温暖化問題」など、テーマ別に10人ほどのグループが自由研究の発表をしていきました。

意外なことに、娘が選んだ研究テーマは「原子力問題」でした。「意外」というのは、娘はふだん原子力や放射能の話題を極端に嫌っていたからです。それはとうぜんです。彼女は、父親が放射能問題で騒ぎたてさえしなければ、住みなれた東京を離れなくてもすんだのですから。娘が「原子力問題」というテーマを選んだことに、私は驚きました。彼女はあれほど耳にするのを嫌がっていた原子力問題を、私に隠れて調べていたのです。

原子力問題を選んだのは、娘とほのかちゃんのふたりだけでした。ふたりは原子炉のしくみやプルトニウム燃料について調べたことを、つたないながらも流暢に説明していきました。そして発表の最後に、「福島第一原発の事故は、事故ではなく、人災なのです」と声をはりあげたのです。

娘は人並み以上に「空気を読む」人間です。他人の表情の変化に敏感で、空気が乱れることを嫌う人間です。原子力問題がどれほど論争含みで「反社会的」であるかもじゅうぶんに知っています。友達のほのかちゃんにしても、この問題が大人を困惑させるものであることを知っているはずです。そうした背景をじゅうぶんに理解していながら、それでも彼女たちは原子力問題を選び、毎日を過ごす教室に問うたのです。「放射能は人災なんだろ」と。たったふたりで。おそらく彼女たちは彼女たちなりの決意をもって、教室の全体に向けて声をあげたのです。

本書のタイトル『放射能を食えというならそんな社会はいらない、ゼロベクレル派宣言』は、新宿の「銀河系」というバーで考えました。編集者と打ち合わせをしながら何軒かはしご酒をして、そうとうに呑んだくれた末に吐きだすようにして出てきた言葉です。私がいいたいのはようするに、「こんな社会ならいらねえよ」ということです。

これは私じしんが抱いている怒りや焦燥感だけによる言葉ではありません。私の背中にはすでに匕首が突きつけられていて、まだじゅうぶんに言葉を知らない10歳のこどもが、どうなんだと、問うているのです。いま、思想は、伸るか反るかの正念場に立たされている。本書のタイトルが「宣言」であるのは、こうした理由からです。

本書をつくるにあたって、聞き手を引き受けてくれた池上善彦氏に感謝します。『現代思想』誌の編集長時代から、彼の問いかけにはいつも驚かされ翻弄されてきました。より深く、さらに深くと、思想の深度を追究する彼の姿勢に、本書が負うところは大きいと感じています。3・12後の彷徨の末に、ふたたび出会うことができたことをうれしく思います。

本書の構成は、新評論の吉住亜矢氏の力業によるものです。自分でいうのもなんですが、矢部史郎と池上善彦というふたりが話した内容を1冊の本にまとめあげるのは、並大抵の苦労ではなかったでしょう。つねに興奮しているふたりに、最後までしっかりとつきあってくれたこと、いま起きていることへの興奮を理解し共有してくれたことに、感謝します。

こまごまとした雑務に走りまわってくれた福田慶太氏、すばらしいカバーデザインをしてくれた小橋太郎氏、貴重な写真を使わせてくれたフォトジャーナリストの森住卓氏、対話の場所を提供してくれた呉涇相氏、そして、本書の出版を陰で支えてくれた新評論編集長の山田洋氏に、感謝します。

2012年5月

矢部史郎

【著者】
矢部史郎（SHIRO YABU）

1971年生まれ。90年代からさまざまな名義で文章を発表し，社会運動の新たな思潮を形成したひとり。高校を退学後，とび職，工員，書店員，バーテンなど職を転々としながら，独特の視点と文体で執筆活動を続けている。人文・社会科学の分野でも異彩をはなつ在野の思想家。主著に『原子力都市』（2010年），『3・12の思想』（2012年，いずれも以文社），『愛と暴力の現代思想』（山の手緑との共著，青土社，2006年）などがある。

【聞き手・序文】
池上善彦（YOSHIHIKO IKEGAMI）

編集者。1956年生まれ。1983年，一橋大学社会学部卒業。1991年，青土社に入社して以来20年間，月刊誌『現代思想』の編集に携わり，93年から2010年まで編集長を務める。著書に，同誌の「編集後記」（92年2月号〜2010年12月号）をまとめた『現代思想の20年』（以文社，2012年）がある。現在はフリー。

放射能を食えというならそんな社会はいらない、ゼロベクレル派宣言

2012年6月20日　　初版第１刷発行

著　者　矢　部　史　郎

発行者　武　市　一　幸

発行所　株式会社　新　評　論

〒169-0051　東京都新宿区西早稲田3-16-28
http://www.shinhyoron.co.jp

電話　03（3202）7391
FAX　03（3202）5832
振替　00160-1-113487

定価はカバーに表示してあります
落丁・乱丁本はお取り替えします

印刷　神　谷　印　刷
製本　中　永　製　本　所

ISBN978-4-7948-0906-3
Printed in Japan

ALSO BY THE SAME AUTHOR etc.　　＊お問い合わせは各出版社へ

矢部史郎

3・12の思想

福島原発爆発直後に東京を脱出した著者が，事件の様態と防護の重要性を語る。
［以文社刊　四六上製　160頁　1680円　ISBN978-4-7531-0300-3］

矢部史郎

原子力都市

フクシマの１年前，日本各地の「核の時代の街」を歩いて描かれた現代日本地理。
［以文社刊　四六並製　192頁　1680円　ISBN978-4-7531-0276-1］

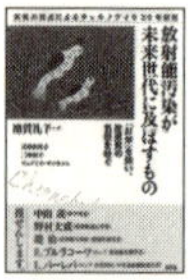

綿貫礼子 編／吉田由布子＋二神淑子＋リュドミラ・サアキャン 著

放射能汚染が未来世代に及ぼすもの

「科学」を問い、脱原発の思想を紡ぐ

女性の視点によるチェルノブイリ25年研究が照らす「フクシマ後」の生命と健康。
［新評論刊　四六並製　228頁＋口絵　1890円　ISBN978-4-7948-0894-3］

綿貫礼子 編／鶴見和子・青木やよひ他 著　　◎オンデマンド復刻版

廃炉に向けて　女性にとって原発とは何か

チェルノブイリ事故を受けて編まれた，女性の立場からの原発廃絶への提言。
［新評論刊　A5並製　362頁　4830円　ISBN978-4-7948-9936-1］

白石嘉治・大野英士 編
［インタビュー：入江公康・樫村愛子・矢部史郎・岡山茂・堅田香緒里］

増補 ネオリベ現代生活批判序説

「日本で初めてのネオリベ時代の日常生活批判の手引書」（酒井隆史氏）。
［新評論刊　四六並製　320頁　2520円　ISBN978-4-7948-0770-0］

矢部史郎・山の手緑

愛と暴力の現代思想

新自由主義と戦争の「現実」のなか，魂を捨てずに生きるための反資本主義講座。
［青土社刊　四六上製　252頁　1890円　ISBN4-7917-6263-0］

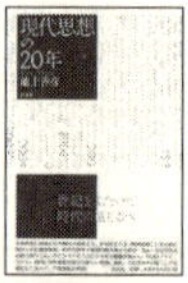

池上善彦

現代思想の20年

1992-2010年，時代の思想のインデックスをなす『現代思想』編集後記の集成。
［以文社刊　四六上製　360頁　2625円　ISBN978-4-7531-0297-6］

戦後民衆精神史

◎『現代思想』2007年12月臨時増刊号

50年代日本のサークル運動の隆盛を跡づけ，労働者文化の「力」を発見する。
［青土社刊　A5並製　342頁　1995円　ISBN978-4-7917-1174-1］

＊ 表示価格：消費税（5%）込定価